JN232568

規制緩和と農業・食料市場

三島徳三

日本経済評論社

まえがき

　本書は，わが国における規制緩和の進展と，それによる農業市場および食料市場への影響をさまざまな角度から照射し，そこに伏在している諸問題を剔出したうえで，農林漁業における公的規制のあり方を論じたものである．

　規制緩和（最近，政府は「規制改革」という用語も使っている）ということは，かなり以前からマスコミ等を通じて国内に流布されている．人間誰しもが「規制」されることに抵抗を感じるわけだから，これを「緩和」するのに反対はない．このように「規制緩和」という言葉は俗耳に入りやすいがゆえに，これのもつ語感だけで判断するのは危険である．

　経済学の中では常識であるが，規制緩和は，1970年代後半からケインズ主義に代わって一世を風靡するようになった新古典派経済学と，その政策主張である新自由主義を土台にした経済社会の構造改革路線の1つである．

　一般に新自由主義は2つの理論をもっていると言われる．「小さな政府」論と「市場原理徹底」論である．だが，両者は相即不離の関係にある．前者は，ケインズ主義の一面である「福祉国家」論によって膨張した財政支出を削減するとともに，公的な事業部門を縮小し，これらを民営化することを主な内容としている．後者は，現存する公的規制を緩和・撤廃することによって，民間資本の参入と資本活動の自由化を図り，市場原理と競争原理を徹底させることを内容としている．「小さな政府」の実現によって民間資本の投資領域が拡大し，「市場原理の徹底」によって資本活動の完全な自由が保障されるわけだから，両者はいわばメダルの表と裏の関係にある．そうした方向をもつ新自由主義の路線整備を行うのが規制緩和の目的である．

　規制緩和の標的は，第1に福祉・医療・教育・農林漁業・流通など国民生活と関係の深い民生分野と，第2に金融・証券・保険・情報通信・運輸・住

宅土地・エネルギー・公共事業など大企業が支配し，外国資本から参入が求められている分野との，大きくは2つの分野に分かれる．その他第3に，この2つに分類できない分野として，雇用・労働・司法などをめぐる規制緩和がある．国民生活への係わりという点では，もとより第2の分野の規制緩和も軽視できないが，第1および第3の分野の規制緩和がより直接的な影響を受ける．とくに民生分野と雇用・労働分野は，ケインズ主義が掲げる「福祉国家」政策の柱であり，それらの分野に存在する制度を撤廃・緩和することは，国民と労働者の既得の権利を剥奪し，生活不安を増大させていく恐れがあるがゆえに，十分な監視が必要である．

　このように規制緩和を具体的にみていった場合，"規制緩和は時代の流れ"などと能天気なことは言っていられない．戦後の憲法が保障する「平和的生存権」は，規制緩和によって確実に蝕まれていくからである．

　本書が課題とする農業市場および食料市場の規制緩和は，言うまでもなく第1の民生分野に属し，農業生産者（大部分が家族小農），食品製造業者（大部分が中小企業・自営業者），食品流通業者（同）および勤労消費者に対して，多くのマイナス的影響を与えるものである．だが，「規制＝悪」「規制緩和＝善」といった単純な思考が，政府・財界やマスコミ等によって振り撒かれている中で，規制緩和のもたらしている弊害を具体的に明らかにし，国民の共通理解とすることは容易ではない．本書はこの困難な作業に，自らの非力をかえりみず，理論的実証的に迫ろうとしたものである．

　本書は7つの章と終章から成るが，第1章は農産物市場，農業生産財市場，農村労働力市場などから構成される農業関連市場について，日本資本主義におけるそれらの位置づけの変化をみたものである．ここで基本視角になっているのは国家独占資本主義（以下，国独資）論であり，その有効性を本章で論じるとともに，国独資の農政基調が価格政策から広義の農業生産財市場創出政策へと重点を移しつつあることなど，現今の農業・食料市場問題の本質に接近しようとしている．

　第2章では，第1章の国独資論的視角を受け，その内容を概説するととも

に，国独資における規制と計画化の位置を確認し，さらに現代経済法と経済民主主義の関連を論じている．ここでは体制危機の所産である国独資が"2つの顔"をもち，危機の展開によっては，国独資体制の下でも支配者による政治的譲歩がなされる可能性のあることが，わが国の経済法を例に示される．

第3章では，わが国における規制緩和政策の展開を政府文書等からトレースし，それの1980年代から90年代への性格変化を整理したうえで，さらに農業および農産物に係わる規制緩和政策の内実を詳細に明らかにしている．

第4章は，流通一般および食料品流通における規制緩和の実態を明らかにした章である．本章ではまず大店法（大規模小売店舗における小売業の事業活動の調整に関する法律）の廃止による大型店政策の変化の意味について，欧米のそれとの対比を含めて論じたうえで，具体的に1995年の食糧管理法廃止と食糧法（主要食糧の需給及び価格の安定に関する法律）施行後に現れた米流通の構造変動を分析した．さらに，酒類販売業の免許制度と生鮮食料品の卸売市場制度を取り上げ，それぞれ規制緩和の進展状況を概説した．

第5章では，食品・動植物の検疫制度，および食品の品質基準と表示制度を中心に，規制緩和の実態をみている．とくにWTO協定に含まれている検疫と食品規格のハーモナイゼーション（調和）に注目し，食品の安全性に係わるわが国への影響を分析した．

第6章，第7章では，わが国の農業と食料市場において公的規制の象徴であった米穀管理制度を取り上げ，食糧法システムを中心に規制緩和後の問題状況を分析している．

まず第6章では，農産物価格支持制度の基軸であった食管法の廃止のうえで制定された食糧法システムについて，需給調整，価格安定，流通の各部面における法制度的問題点を指摘したうえで，最終的に食糧法の本質を明らかにした．

第7章では，食糧法施行後に露呈した米の需給と価格をめぐる諸問題を糊塗することを目的に，政府が打ち出した諸政策について，個々の対策の解説と批判を行い，そのうえで食糧法システムからの転換の方向を提起した．

そして終章では，前段で新古典派的経済理論が日本を代表する近代経済学者によっても批判されていることを紹介したうえで，国民的立場からの公的規制論の内容とその農林漁業への展開について私論を提示した．

　本書の課題と構成は以上のとおりであるが，ここから推察されるように，本書はマルクス経済学の1つの理論である国独資論を自分なりに再規定し，分析装置として用いている．マルクス経済学については，1990年を前後する東欧社会主義国とソ連の崩壊を歴史的契機として，その「終焉」を叫ぶものが増大した．だが，マルクス経済学は「資本主義経済の解剖学」であり，いわゆる「社会主義経済学」と同一視すべきではない．マルクスは『資本論』において資本の運動法則と資本制社会の基本矛盾を抉り出した．レーニンは『帝国主義論』において，独占資本が支配する帝国主義の諸特徴を明らかにした．これらの先学の理論は，資本主義社会が続く限り，分析装置として有効であることは言うまでもない．
　しかも，「ソ連型社会主義」の崩壊後，資本主義的市場経済が全世界的に拡大し，国境を越えた資本と商品の移動がなされる中で，資本主義の諸矛盾が随所で深刻化し，この制度はいまや危殆に瀕している．このことは，体制側から繰り返し「構造改革」が主張されていることからも明らかである．だが，資本主義の基本矛盾に手をつけない「改革」は，所詮，"焼け石に水"であり，かえって矛盾を深める結果になりかねない．マルクス経済学はいまこそ出番なのである．
　国独資論は，欧米や日本のように独占資本（大企業と言ってもよい）が経済を支配し，政府がこれをバックアップしている国では，現在でも分析装置として有効である．国独資は1929年の大恐慌を契機にアメリカで生まれ，第2次大戦後，主要資本主義国で一般的体制となった．こうした歴史から明らかなように，国独資は資本主義の不可避な現象である恐慌を回避する体制である．
　恐慌について，ここで詳しく説明することはできないが，元来，資本制社

会は，「生産と消費の矛盾」という「恐慌の究極の根拠」（『資本論』の表現）を有している．すなわち，生産の担い手である資本家階級は，資本間の競争の中で，できるだけ多くの利潤を得るために，つねに生産能力を拡大する衝動をもつ．その結果，恒常的に過剰生産物が供給される一方で，資本主義社会の最大の消費者である労働者階級の消費能力と需要は，労働者の賃金を労働力再生産に必要な生活資料の価値以下に押え込み，労働者の雇用についても，これを利潤が獲得できる範囲内に制限しようとする資本家階級のビヘイビアによって，恒常的に抑制されている．こうした「生産と消費の矛盾」は，資本と賃労働の関係そのものから体制的に生み出されるという点では，資本主義固有の市場問題である．

加えて，資本主義経済では景気循環が避けられない．好況局面では市場が拡大し，市場問題は表面化しないが，不況や恐慌の局面では，市場は在庫であふれ，生産物の価値は強制的に破壊される．景気循環の要因は，好況局面における諸資本家の集中的な設備投資行動にあると言える．好況期の設備投資は消費財生産部門（第2部門）から生産財生産部門（第1部門）に波及し，まさに「投資が投資を呼ぶ」という形で連鎖的に拡大し，生産能力を飛躍的に高めていく．だが，能力アップした生産設備が現実に稼働し，大量の生産物が市場に供給されてくるようになると，前述のような労働者階級による消費の壁にぶつかり，過剰生産が一挙に表面化する．過剰生産とその結果としての価格暴落が深刻になり，生産の抑制・停止や企業倒産によって失業者が街にあふれ，経済が急激に縮小する．これが恐慌である．

だが，現代の資本主義国では，恐慌の発生に伴う体制危機を未然に防止し，独占資本主義体制を補強する意図のもとに，程度の差はあれ経済過程に国家が介入している．具体的には，恐慌の発生をなし崩し的に引き延ばす財政金融政策を組み入れるとともに，体制危機を表面化させないために，持続的経済成長と雇用の安定を目的にした経済誘導が図られている．これが国独資またはケインズ主義と呼ばれる体制である．この体制下で，確かに恐慌という経済の急激な収縮局面はみられなくなったが，これによっても「恐慌の究極

の根拠」はなくならず，資本主義の病巣はかえって内攻化していく．とりあえず，2つの問題を指摘しよう．

　第1に，恐慌を先延ばしし，過剰資本と過剰生産設備の強制的な廃棄を行わない結果，資本主義に固有な「生産と消費の矛盾」はかえって深刻化し，不況が長期化する．

　第2に，金融政策と並び，国独資の有力な景気刺激政策である財政支出の拡大政策が，しばしば赤字公債を財源に実施される．だが，景気回復による税収の増加が伴わなければ，国家の財政収支は一方的に悪化していく．

　このように，国独資の下では長期不況と財政危機の現出は不可避である．そこに，新自由主義のような反ケインズ主義の理論と政策が生まれる土壌がある．だが，新自由主義が描くような，公的規制を排除し，市場と競争原理を規範とする社会の実現はおよそ不可能である．このような社会では，経済的自由主義の犠牲になる社会的弱者の反発を必至とし，体制危機を促進していくからである．また，独占資本主義の社会では，国家の介入なくして景気の自律的回復は困難だからである．その結果，現代の国独資はケインズ主義と新自由主義の併存した体制にならざるをえない．

　現代の日本資本主義，とくに1990年代初頭のバブル経済の崩壊を契機に始まった長期不況下の状況についても，恐慌論と国独資論を分析装置とすることによって，その本質をとらえることができる．そのアウトラインを，農業問題との関わりを含めて最後に示しておこう．

　「平成不況」とも呼ばれる長期不況の根底には，80年代末の好況期に爆発的になされた民間設備投資に伴う設備過剰と過剰生産がある．さらに銀行，不動産業，土建業等の膨大な不良債権の存在が，投資の足かせとなり，不況長期化の複合的要因を形成している．これらに加え，国民総支出の6割を占める個人消費（民需）が，長年にわたる賃金抑制と雇用削減，さらには税金と社会保障費等の負担増によって押え込まれている．最近では不況が一層泥沼化し，デフレ・スパイラルと呼ばれるような，経済の縮小局面に入りつつあるが，この要因として規制緩和に伴う過当競争（価格引下げ競争），およ

びWTO体制による自由貿易の拡大によってもたらされた，低廉輸入品の洪水のような国内市場への流入と価格破壊を挙げることができる．

日本農業は，以上のような長期不況とデフレ・スパイラルのもとで，戦後最悪といってもよい深刻な状態になっている．不況とデフレの影響は，直接的には農産物価格に反映される．1980年代後半以降，日本の農産物価格政策については需給事情を反映させる方向で再編が進み，米価システムは95年の食糧法施行を契機に基本的に市場に委ねる仕組みに変化した．その結果，農産物の最大の買い手である勤労消費者の購買力の水準が，価格形成に大きく作用するようになった．だが，勤労消費者の購買力は，長期不況とこれを理由にした賃金抑制とリストラによって相対的に低下しつつある．

このように，農業問題は資本主義の市場問題，直接的には景気循環につよく巻き込まれるようになった．そのため，農業生産者の所得である農産物価格を回復させ，日本農業に明るい展望を切り開くためには，経済・財政構造の民主的改革をすすめ，現在の長期不況を国民本位に打開する運動との連帯が不可欠である．

本書は，以上のような国独資論的視角と運動論をかたくなに貫いているが，これが成功しているかどうかは読者の判断に待つしかない．また本書は，私が長年にわたって携わってきた農業市場学の1つの体系的著作である．第1章でも述べているが，私は農業市場学というのは農業市場の現状分析を行う学問であると考えている．当然のことながら，現状分析の対象は，時代の変化とともに移行していく．川村琢の土産地形成論や，美土路達雄の農産物市場編制論は，農民サイドと資本サイドという視座の違いはあれ，いずれも高度成長初期の現実の農業市場問題に接近したものであった．私は，現代の農業・食料市場における最大の問題は，規制緩和による生産者・流通業者・消費者への影響にあると考え，この問題の解明に全力投入してきた．農業市場学のこうしたとらえ方についても，読者の忌憚のないご批判をお願いしたい．

「農業・食料問題を資本主義の構造変化の視点からとらえる」「農民，自営

流通業者，勤労消費者など国民的立場から農業・食料問題の解決をはかる」──これは私が農業経済学に係わりはじめて以来，一貫してとり続けているスタンスであり，本書でも例外ではない．こうしたスタンスは，私の恩師である川村琢先生，湯沢誠先生，および数々の著作や現場体験を通じて自然と身についたものであり，いまでは一点の疑念も持っていない．私が最初に就職したのは酪農学園大学であったが，直接の上司であった桜井豊先生は，折に触れて"研究者が批判的立場を失ったらおしまいだ"と言っていた．また，北大の前任教授である臼井晋先生は，"研究者は節を曲げない方が評価される"と，私のスタンスを支持してくれた．

こうしたスタンスは，多かれ少なかれ現在の国独資体制や政策と対立することになり，体制を支える勢力から危険視され，商業ジャーナリズムからも敬遠されることになる．だが，今日の国独資体制の中で弱者の地位にある者はもとより，体制側の立場にある者を含め社会発展を長期的展望の中でとらえようとする者からすれば，私のようなスタンスは必ず支持を得られるものと確信している．

昨今の農業経済学界では，政策追従的な農業論，価値判断抜きの因果関係論・計量経済モデル，ポスト・モダニズムなどが横行し，資本主義の構造変化を踏まえた本格的な農業・食料問題の分析が，著しく少なくなっているように思える．私が危惧するのは，次代の学界を担う若い研究者・院生にも，こうした傾向がみられることである．これには，いまの若者からみれば難解な用語を説明抜きで使っている，マルクス経済学の側にも一端の責任がある．本書では，専門の研究者からみれば自明のことまで平易に解説しているが，これは初めてマルクス経済学による農業経済学を学ぶ者のための"教育的配慮"である．私のエールに応える本格派の学究の徒の輩出を願ってやまない．

2001年の憲法記念日に

三 島 徳 三

目　　次

まえがき

第1章　農業市場問題と国家独占資本主義 …………………………… 1

1. 現状分析としての農業市場学　　　　　　　　　　　　　1
2. 農産物市場論における国家独占資本主義的市場編制論について　　2
3. 現状分析における国家独占資本主義論の有効性　　　　　4
4. 国家による市場創出政策と農林水産業　　　　　　　　　8
5. 食料市場の拡大と流通基盤の整備　　　　　　　　　　　11
6. 農産物価格政策の転回と国家独占資本主義　　　　　　　15
7. 流通規制緩和の本質　　　　　　　　　　　　　　　　　18
8. 小括：国家独占資本主義と農業市場　　　　　　　　　　20

第2章　国家独占資本主義と公的規制 …………………………………23

1. 本章の課題　　　　　　　　　　　　　　　　　　　　　23
2. 独占資本主義から国家独占資本主義へ　　　　　　　　　24
   (1) 独占資本主義と不況・恐慌　24
   (2) 国家独占資本主義の諸機能　25
3. 国家独占資本主義と規制緩和　　　　　　　　　　　　　27
   (1) 新自由主義と規制緩和　27
   (2) 国家独占資本主義と規制　28
4. 現代社会と計画化　　　　　　　　　　　　　　　　　　30
   (1) 社会主義諸国の市場経済化　30
   (2) 新自由主義の終焉と国家介入，計画化　31

　　　　(3)　計画化をめぐる「2つの道」の対抗　33
　　5.　現代経済法と経済民主主義　　　　　　　　　　　　　35
　　　　(1)　「競争秩序の維持」と独占禁止法　35
　　　　(2)　社会的規制と産業規制　37
　　　　(3)　国家独占資本主義と経済法の二面性　39
　　6.　むすび：農業保護と国家介入　　　　　　　　　　　　40

第3章　規制緩和政策の展開と農業・農産物 ……………………45

　　1.　問題の経過と本章の課題　　　　　　　　　　　　　　45
　　2.　臨調・行革路線と規制緩和論　　　　　　　　　　　　47
　　　　(1)　公的規制緩和の提起　47
　　　　(2)　経済構造調整と規制緩和　50
　　3.　1990年代における規制緩和政策の展開　　　　　　　　53
　　　　(1)　細川連立政権の成立と平岩リポート　53
　　　　(2)　規制緩和をめぐる90年代の条件変化　55
　　　　(3)　村山内閣による「規制緩和推進計画」の開始　57
　　　　(4)　「橋本6大改革」と「規制緩和3カ年計画」　59
　　　　(5)　樋口リポートと「3カ年計画」の改定　60
　　4.　農業と農産物に係わる規制緩和政策の展開　　　　　　64
　　　　(1)　財界と食品工業の規制緩和要求　64
　　　　(2)　「規制緩和推進計画」と行政改革委員会「意見」　66
　　　　(3)　株式会社の農地取得と農業生産法人制度の規制緩和　69
　　　　(4)　農協等に対する独占禁止法適用除外制度の廃止　72
　　　　(5)　食品産業に対する需給調整的規制の見直し　74
　　5.　規制緩和政策の性格変化と矛盾　　　　　　　　　　　76

第4章　規制緩和と食料品流通 ………………………………………81

　　1.　大店法の廃止と「まちづくり3法」の制定　　　　　　81

(1) 大店法の成立と改正　81

　　　(2) 日米構造協議と大店法の規制緩和の進展　82

　　　(3) 大店法の廃止といわゆる「まちづくり3法」の制定　84

　　　(4) 欧米における大型店の規制　86

　2. 米流通の規制緩和と小売・卸売業の構造変動　87

　　　(1) 米流通業への新規参入の自由化　87

　　　(2) 計画外流通米の増大と複線的流通　89

　　　(3) 食糧法下の米穀流通業者の登録状況　90

　　　(4) 大手量販店による「資本ブランド」の展開　94

　　　(5) 大手総合商社による米事業の本格化　95

　　　(6) 米小売・卸売業者の危機と再編　97

　3. 酒類販売規制の緩和　100

　　　(1) 酒税法とその改正　100

　　　(2) 酒類小売業の免許制の緩和　102

　4. 生鮮食料品の卸売市場制度の改正　104

　　　(1) 卸売市場法と「例外規定」　104

　　　(2) 流通環境の変化　105

　　　(3) 改正卸売市場法と規制緩和　106

第5章　規制緩和とハーモナイゼーション
　　　―輸入検疫と品質表示の制度をめぐって―……………………………………109

　1. 問題の経過と課題　109

　2. 食品の安全性と検疫制度　110

　　　(1) 輸入食品検査とアクションプログラム　110

　　　(2) 残留農薬基準の国際的整合化　112

　　　(3) 植物防疫の規制緩和　113

　　　(4) 動物検疫と動物用薬品規制の緩和　115

　3. 食品の品質基準と表示規制　118

(1) JAS法と規格・品質基準　118
　　　(2) 行政指導による品質・表示規制　119
　　　(3) JAS法の改正　121
　　　(4) 遺伝子組み換え食品の表示問題　122
　　　(5) 食品等の日付表示規制の変更　125
　　　(6) HACCP方式の導入　126
　　4. 食生活の差異と食品安全基準の独自性　128

第6章　食糧法の問題点と本質 ………………………………………… 131

　　1. 食糧管理法から食糧法へ　131
　　2. 食糧法の目的と基本方針　131
　　3. 需給調整の困難　132
　　　(1) 計画外米等の量的変動と計画出荷米確保の困難　132
　　　(2) 生産調整非協力農家の発生と生産調整の困難　133
　　　(3) 自主流通法人による備蓄・調整保管の限界　135
　　　(4) ミニマムアクセスによる輸入の段階的増加　138
　　　(5) 回転備蓄方式と恒常的米過剰　139
　　4. 価格安定化の困難　140
　　　(1) 政府買入価格における自主流通米価格動向の反映　140
　　　(2) 自主流通米入札取引における規制緩和　141
　　5. 流通の混乱　144
　　　(1) 米流通規制の緩和　144
　　　(2) 独占禁止法適用による価格統制・指導行為の禁止　145
　　　(3) 量販店・総合商社による米流通の再編　146
　　6. むすび：食糧法の本質　147
　　補節　農産物検査の民営化　148

第7章 食糧法システムの破綻と政策対応
　　　―「新たな米政策」から「水田農業活性化対策」へ―　……………151

1. 陰をひそめた「食糧法歓迎」論　151
2. 施行2年でほころびの出た食糧法　153
   (1) 米価の急落と稲作農家の危機　153
   (2) 生産調整に対する不公平感、効果への疑念の増大　154
   (3) 備蓄・調整保管をめぐる問題の累積　155
3. 「新たな米政策」の登場とその問題点　157
   (1) 生産者負担による「稲作経営安定対策」　157
   (2) 生産調整の拡大とメリット対策　160
   (3) 計画流通制度の運営改善　164
   (4) その他の対策　165
4. 自主流通米取引方法の改革　166
   (1) 値幅制限の撤廃　166
   (2) 価格下落対策と入札制度の問題点　169
5. 「新たな米政策」の帰結　171
   (1) 回転備蓄操作の限界：解消しない過剰在庫米　172
   (2) 99年産米の暴落　172
   (3) 政府米の大宗は外国産米に　173
   (4) 「稲作経営安定対策」の効果　174
6. 新基本法の制定と「水田農業活性化対策」の登場　176
   (1) 水田の高度利用を目指した「新たな助成システム」　176
   (2) 生産者負担の"生産オーバー"対策　179
   (3) 2000年の「緊急総合米対策」の実施　180
7. 食糧法システムからの転換方向　182

終章　国民的立場からの公的規制論
　　　―その内容と農林漁業・食料への展開― …………………………………185

1. 市場原理万能論の終焉：新自由主義から国家独占資本主義論へ　185
2. 国民的立場からの公的規制論　189
   - (1) 公的規制の目的と主体　189
   - (2) 規制の類型化　190
   - (3) 大企業への民主的規制　190
   - (4) 官僚的規制の廃止　192
   - (5) 社会的規制の強化　192
   - (6) 中小企業・自営業者の保護と参入規制　193
   - (7) 多国籍企業・国際金融資本への民主的規制　194
3. 農林漁業における公的規制　195
   - (1) 農林漁業および農村の公共的機能　195
   - (2) 食料自給のための輸入規制と新たな貿易ルール　196
   - (3) 価格規制と需給調整的規制　198
   - (4) 耕作者主義による農地規制　200
   - (5) 農林漁業における環境規制と資源管理　201
4. 食料における公的規制　203
   - (1) 食料流通における規制　203
   - (2) 食品の安全性規制　204
5. 自立と協同のための環境づくり：農林漁業に対する公的支援の視点　207

あとがき　215

第1章　農業市場問題と国家独占資本主義

1. 現状分析としての農業市場学

　農業市場学は，応用経済学としての農業経済学の一分野であり，直接には農業市場の現状分析（歴史分析を含む）を行う科学である．その場合の「農業市場」は，農業の資本循環（$G—W \begin{Bmatrix} Pm \\ A \end{Bmatrix} \cdots W'—G'$）の過程で直面する5つの市場（①農産物市場，②農業生産財市場，③農村労働力市場，④農地市場，⑤農業金融市場）から構成されている．論者によっては②に農村消費財市場を加え，「農村（農家）購買品」という市場領域を設定する者もいるが，農村消費財市場は，農業の資本循環から外れるため，ここでは加えていない[1]．

　ところで，現状分析の目的は，分析対象の動態過程に存在する矛盾と対抗を析出し，それらの止揚の方向を指し示すことにある．わかりやすく言えば，分析対象に存在する諸問題を整理し，一定の立場から解決方向を示すことがその目的である．その際，対象となる社会事象は，必ずその時代の社会構成体，現代日本では資本主義体制の規定を受け，時には体制の抱える基本問題の一部となる．

　そうした資本主義からの規定性を，具体的な農産物市場の分析に生かそうとした先駆者の1人が今は亡き美土路達雄であった[2]．美土路は，資本主義の発展段階に応じた資本の側からの農産物市場の掌握支配を「市場編制」概念で捉え，その国家独占資本主義段階における「市場編制」を「国家独占資

本主義的市場編制」とした．

しかしながら，「市場編制」概念およびその最高の形態とされる「国家独占資本主義的市場編制」概念は，農業市場問題の分析装置として有効であろうか．ここでは，その概念をもっとも精緻化し，現状分析に応用しようとした御園喜博の論文[3]を俎上に上げて検討してみよう．

2. 農産物市場論における国家独占資本主義的市場編制論について

御園によれば，「資本（資本主義）の農産物市場掌握支配の秩序と体系を，資本の観点から整序してとらえようとするのが「市場編制」の概念である」[4]．より具体的には，「市場編制」とは，「生産（供給）から出発して消費（最終需要）に至るまでの——産地から消費地に至るまでの——流通・市場の組織的な編制とその秩序，その資本による体系的な掌握であって，生産・技術を包含した産地編制まで含む概念」[5]とのことである．

「ブルジョアジーは自分自身の姿に似せて世界をつくる」[6]（共産党宣言）わけだから，農産物市場その他の商品市場に資本が進出し，掌握支配していくのは当然のことである．だが，われわれは，こうした当たり前の動きを，なぜ「市場編制」などと難解な言葉によって表さなければならないのか理解に苦しむ．資本主義はその一定の発展段階において農産物市場に進出し，"産地から消費地に至るまで"，資本の再生産構造の中に組み込み，剰余価値を実現していくことは資本主義に共通の傾向であって，これを「産地編制」「流通・市場の組織的な編制」などと特殊な表現をする積極的理由に乏しい．

むしろわれわれには，「市場編制」と表現することによって，農産物市場あるいは商品市場における多様な動きを見えづらくしているように思える．「編制」という表現の中には，資本の意志に沿って上から秩序づけ，または統制していくという意味合いが強いが，日本やドイツの戦時統制期ならともかく，平時の資本主義体制において，言葉の厳密な意味における「編制」が果たしてなされているだろうか．産業資本主義（自由主義）段階の資本主義

はもとより，独占資本主義段階の資本主義においても，その基盤にあるのは自由競争であり，その本質は無政府性である．それは，生産手段の私的所有が続くかぎり，なくなることはない．

　もっとも国家独占資本主義に移行すれば，恐慌回避や大企業の高利潤確保のため，国家による経済介入が一般的になされるようになるが，これを「編制」と表現できないわけではない．だが，国家による介入は，つねにストレートに貫徹するわけではなく，さまざまな軋轢・矛盾にぶつかり，修正や譲歩を余儀なくされる．このように，スンナリ「編制」されないのが現実であるならば，国家独占資本主義的市場編制論は，むしろ現実の誤った把握へと導く恐れがある．

　御園は，国家独占資本主義的市場編制の具体的内容（局面）として，第1に「生産（供給）の編制と組織化」，第2に「消費需要の編制と組織化」，第3に「流通部門全体の合理的編制と整備組織化」，第4に「貿易関係や価格政策，それと関連する財政金融政策など」[7]を挙げている．だが，第4の内容については，国家独占資本主義の経済政策そのものであって，それを「国家独占資本主義的市場編制」の具体的内容に加えることには疑問がある．さらに問題なのは第1から第3に至る内容であって，そこでは「生産」「消費」「流通」の各局面で「編制」と「組織化」がなされているとする．だが，それはツィーシャンクの組織資本主義論にも通じる誤りである．それらの各局面に資本（独占資本）が進出し，国家がこれをバック・アップすることは，国家独占資本主義の時期に特徴的にみられる傾向であるが，その基盤には資本間の競争と，中小企業，自営業者，消費者などの複雑で多様な対応と抵抗があり，一路，「編制」と「組織化」に向かうわけではない．

　ただし，御園が国家独占資本主義的市場編制の第3の具体的内容とする「流通部門全体の合理的編制と整備組織化」については，現在でも国家は，財政金融政策や流通政策を通じ，資本が進出するための条件整備を強力に推し進めている．だが，これらについても何も「市場編制」という必要がない．「流通政策の展開」「流通基盤の整備」と言えば，それで十分に含意は伝わる

のである．

　要するに，農産物市場その他の商品市場への資本の進出や，それをバックアップする国家の政策展開をもって，「国家独占資本主義的市場編制の進展」と言ってみたところで，現状分析としては何も意味がない．あえて言えば，現実の多様でダイナミックな展開を，無理やり1つの枠組みに押し込む点では，現状分析の視角としてはむしろ有害である．結局のところ，「市場編制論」およびその延長線上にある「国家独占資本主義的市場編制論」は，自らが作り上げた無意味で一面的な規定の泥沼にはまり込み，次々と無意味さを上塗りしていった「壮大な観念論」といえる[8]．

　われわれに必要なことは，「自分自身の姿に似せて世界をつくる」資本の論理の具体的現れと，そこにおける問題の本質と対抗関係を，現状分析（われわれの場合は農業市場問題の分析）を通じて抉り出すことである．それでは，農業市場問題を分析する場合，われわれにはどのような分析視角が必要なのか．次節以降は，この課題の検討に与えられる．

3. 現状分析における国家独占資本主義論の有効性

　前節で「国家独占資本主義的市場編制」概念の批判を行ったが，このことは現代資本主義の本質を示す概念としての「国家独占資本主義」論の否定を意味するものでは決してない．逆である．われわれは，日本を含めた先進資本主義国の農業市場の現状分析を行ううえで，国家独占資本主義論が決定的に重要であり，この概念を基本視角に置くことによって，農業市場問題の多様でダイナミックな展開について，その本質的把握，換言すればその問題局面における矛盾・対抗関係の剔出を行うことが可能になると考える．それを詳述する前に，国家独占資本主義についてのわれわれの理解を整理しておこう．

　国家独占資本主義論については，周知のように，第2次大戦後多くの論争がなされてきたが，われわれは1963年に島恭彦が発表した論文「国家独占

資本主義の本質と発展」における次の定義が，戦後のアメリカや日本の動向を踏まえた定義として，現在でも妥当なものと考える．

「国家独占資本主義は，国家権力を自己に従属させている独占資本の支配体制である．または国家（国家支出，国家投資信用，国有企業その他の国家の経済管理）によって補強されている金融寡頭制である．」[9]

ここで例示されている「国家支出」は国家財政，「国家投資信用」は財政投融資のことと思われるが，この2つは，その後の日本において，その規模を膨張させ，独占資本の蓄積に大きく貢献してきた．とりわけ，1965年不況を契機に開始された建設公債の発行は，1975年度からはさらに歳入不足を補う赤字国債も加わって財政規模を急増させていった．これを一般会計の歳出面からみると，公共事業費と防衛費の増大がとくに顕著であるが，こうした国家市場の創出によって恩恵を受けたのは，いうまでもなく鉄鋼，機械，化学，セメント，建設など，日本の独占資本とアメリカの防衛産業（独占資本）である．近年では，冷戦体制の崩壊と国民の批判の増大の中で，防衛費の伸びが以前より抑制されているが，その一方で公共事業費が，単に当初予算にとどまらず，景気対策を名目とした補正予算を通じても急増している．その反面で，国には1996年度現在，約240兆円もの国債残高が累積され，国家財政を危機的事態に追い込んでいる．

また，「第2の予算」と言われる財政投融資は，各種の公庫・公団や特殊会社等を通じてバラまかれ，これまた総合建築産業（ゼネコン）などの独占資本に莫大な市場を提供している．1996年度政府予算では，財政投融資は40兆円を超え，国債費や地方交付税を除いた一般歳出の総額を上回り，その一部は国債の引受けにも当てられている．

財政投融資は，郵便貯金，厚生年金・国民年金および簡易生命保険の積立金など国民の零細資金を原資としているが，これらの資金総額は，1995年度末で452兆円に達し，都市銀行10行の総資金量325兆円をはるかに上回る，文字どおり世界最大の"国立銀行"となっている．そうした膨大な資金を運用し利益を上げるためにも，財政投融資は，今後とも「第2の予算」として

公庫・公団や特殊会社,あるいは国の特別会計や地方自治体等を通じて融資が継続される.その反面で,国鉄清算事業団や国有林野事業特別会計などの「不採算部門」では赤字が累増し,いずれ国家財政による補塡が必至となっている.

次に,島の指摘する独占資本による国家権力の従属は,今日の日本では「政・官・財」の癒着構造を通じて,誰の目にも明らかになっている.リクルート疑惑,エイズ薬害事件,特別養護老人ホーム汚職など,最近でもその例は枚挙にいとまがないが,これらに共通しているのは,単に政治家や高級官僚のモラルにとどまらず,背後に資本の利潤増大衝動が存在している点である.すなわち,資本が政治家や高級官僚を買収し,許認可や補助金の支出,あるいは行政指導において,自らに有利な措置を取らせているのであって,決してその逆ではない.この点では,住宅専門金融会社(住専)の経営破綻をめぐる財政支出もまったく同様であって,その背後に,銀行資本と財界による国家の支配と従属の構造が浮かび上がってくる.先にみた財政投融資の対象機関である公庫・公団等も,経営陣のトップは高級官僚の天下りがほとんどであり,管轄の事業や融資を通じ,直接・間接に資本に利益確保の場を提供している.

このように島の国家独占資本主義の定義は,今日でも有効であるが,国家の性格規定において独占資本による従属面が一面的に強調されている結果,労働者階級を中心とした国民大衆への国家の譲歩の側面が軽視されているように思われる.第2次大戦後の欧米資本主義国にみられるように,国家独占資本主義は,一方で独占資本の蓄積基盤の補強に努めるとともに,他方で戦後における社会主義諸国の広がりに対抗して,時には労働者階級や農民層等に譲歩し,社会福祉や農業政策の充実に一定の力を入れるからである.すなわち,現代の国家独占資本主義は,独占資本主義体制を補強する"顔"と,「福祉国家」の"顔"という"2つの顔"をもっているのである.

この点では北原勇の近年の論稿[10]が参考になる.北原によると,「経済過程への国家の大規模かつ恒常的な介入によって特徴づけられている独占資本

主義」が「国家独占資本主義」であるが，第2次大戦後における国家介入の特徴は次の3点に要約される．

(イ) まず，独占資本主義の内的矛盾の激化による「危機」への対応として労働者階級への譲歩が必要となり，とくに高水準雇用の達成と社会保障の整備とが，国家政策の中心目標となる．

(ロ) 高雇用達成と景気浮揚のために，金融・財政政策による市場創出，経済活動全般の規模拡大が追求される．すなわち，金利と通貨量の操作を通じての物価維持と投資刺激，租税制度と社会保障とを通じての所得再分配による消費拡大，公共土木事業や軍事費への財政支出による市場創出等の諸手段が動員される．

(ハ) 一方での高水準の雇用維持，さらに労働者の生活水準向上と社会保障完備の要求に応えるためにも，他方での資本の利潤獲得・蓄積欲求を両立させるためにも，持続的経済成長の追求が最終的な政策となる．そのために，(ロ)でみた諸手段の継続的動員が求められるだけでなく，国際的な為替・通貨・貿易の安定的秩序，その基礎上での貿易拡大と生産性向上，および新産業創出的技術の振興が必要となる．

北原が，国家独占資本主義の「最終的な政策」としている「持続的経済成長」に必要な手段は，つきつめれば国家による市場創出政策になる．北原の指摘にヒントを得て整理すれば，国家による市場創出政策は，具体的には(a)財政支出による市場創出（公共事業費，軍事費など），(b)所得再分配による市場創出（租税制度，社会保障費など），(c)貿易拡大による市場の創出（海外経済協力費，輸出拡大のための国際貿易協定，など），(d)新産業創出による市場創出（科学技術費など），である．金融政策（金利と通貨量の操作）も，物価安定による販売市場の維持，および企業の投資刺激による生産財市場の創出をねらいとしていると考えるならば，それは間接的な市場創出政策である．

こうみてくると，国家独占資本主義は，持続的な経済成長のための市場創出政策の展開を根本的な特徴としていることがわかる．島によって指摘され

た国家財政や財政投融資についても，経済成長のための国家による持続的な市場創出政策として位置づける方が，現代では理解されやすい．

4. 国家による市場創出政策と農林水産業

ところで，「国家による持続的な市場創出政策」はわが国ではどのような特徴をもっているだろうか．財政支出の主要経費で言うと，いちばん分かりやすいのは公共事業費である．数次にわたる国土総合開発計画や高速道路・新幹線整備計画などを通じて，国は年々，莫大な金額の一般歳出と財政投融資を投じている．これに地方自治体の公共事業を加えた年間の総投資額は，現在では約50兆円に達するが，その大半は大手ゼネコンが請け負い，世界的に高い単価もあいまって，彼らに巨額の利益を保障している．しかも，利益の一部が政治家や高級官僚に還流している．それでも，公共事業が住宅や下水道といった生活基盤の整備に向けられるのならばまだ許されるが，現実は産業基盤整備が中心であり，北海道の事例でも苫小牧東部開発や石狩湾新港のように，立地企業がほとんどなく，"無駄"以外の何物でもない事業もある．また，千歳川放水路計画のように，数十年に一度の洪水対策のために，自然破壊を押し進めるものもある．

"無駄"という点では，数次の防衛力整備計画で世界有数の軍事力を保持するに至った防衛費も同様である．だが，国民にとっては"無駄"にみえても，重化学工業資本やハイテク産業，さらにはアメリカの防衛産業のため商品市場創出に寄与しているという点では，独占資本主義体制の維持に貢献している．また予算規模の大きい社会保障費や文教費も，それらの内実をみると，国民への直接給付や経常的支出よりも，国家と地方自治体による施設投資，いわゆるハコモノの建設にその多くが向けられている．民間で施設建設を行う場合には，高率の補助金が投入され，最終的には建設業者に利益が還流していく．さらにODAなど海外経済協力費も，「援助」の形をとっているが，その実体は，「援助」国政府と癒着した日本の総合商社や土建大企業

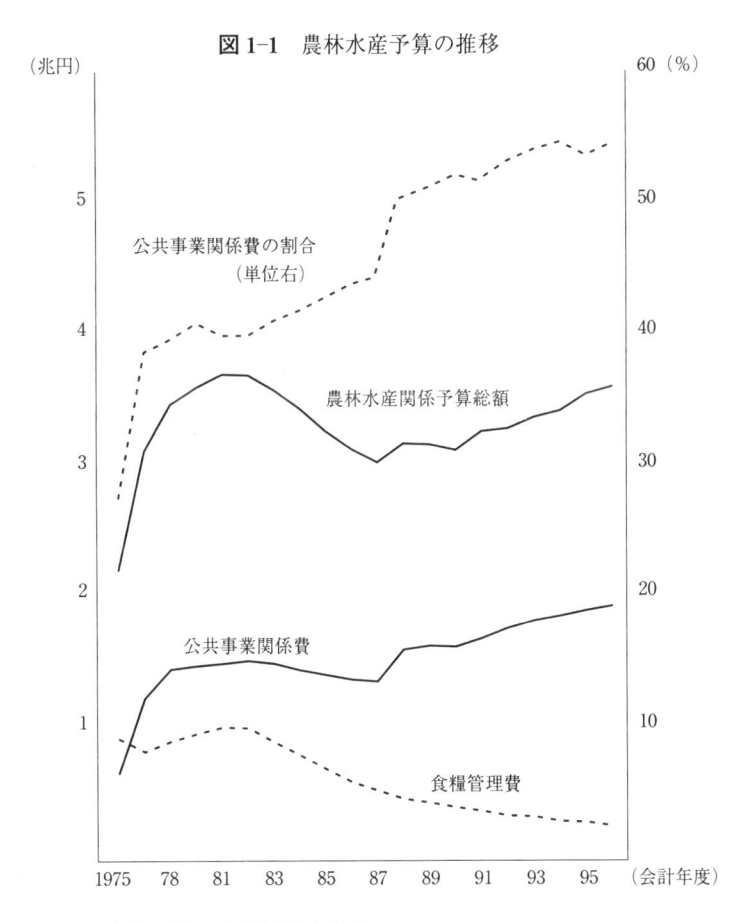

第1章　農業市場問題と国家独占資本主義

図1-1　農林水産予算の推移

資料：農林水産省資料より作成．
注：1)　各年度とも当初予算で，NTT株売却に伴う特別会計に係わる分を含む．
　　2)　食糧管理費は，1996年度から主要食糧関係費に変わる．

が事業を請け負い，彼らに投資の場と市場を提供するものとなっている．

　それでは，農林水産予算ではどうか．かつては食糧管理費を大宗とする価格政策経費が，農業予算の過半を占めていたが，臨調・行革路線の展開の中で農産物価格政策の後退と行政価格の引下げがなされ，現在ではその比重を大きく低下させている．代わって大きな伸びを示しているのは，構造改善費

など広くは公共事業関係費と呼ばれる経費であり，現在では農林水産関係予算総額の5割を超えている（図1-1）．とくに，1988年度予算から公共事業関係費の伸びが大きくなり，これが80年代に入って低下し続けてきた農林水産関係予算額を反転増大させるけん引力になっている．これは80年代後半に政府買入米価を始めすべての農産物行政価格が引下げ時代に突入する中で，農政の基調が大きく転換し，農業財政の主軸が関連公共事業の拡大による市場創出政策に移行したことを示すものである．誤解を恐れずにいえば，この時期を境に，農政の目標が，「農民保護」から「農業関連産業の保護」に変わり，国家独占資本主義の市場創出政策の一部に意識的に位置づけられるようになったといえる．

　価格政策経費は，農民の所得維持，あるいは消費者家計の安定に寄与し，個人消費の拡大にプラスに作用していた．すなわち，かつての累進課税による所得再分配や社会保障制度と同様に，農産物価格政策はスペンディング・ポリシィとしての性格が強かったのである．これに対し，いまや農林水産予算の過半を超えた公共事業費は，資本に直接，巨大な商品市場を提供している．具体的には農業基盤整備という名の，土地改良，ダム，潅漑施設，農道，集出荷施設，大型機械，情報機器等の整備費用であるが，その他に研修施設（温泉付きも少なくない），レジャー施設，公共便所の整備に対する助成までも含まれている．林業では，スーパー林道の新設，漁業では漁港や海岸整備事業などである．その中には，農林水産業の振興に直接結びつかず，むしろ都市住民のための事業や，整備されてもほとんど利用されていない"無駄"な事業も少なくない．

　以上の一般会計からの支出に，農林漁業金融公庫や森林開発公団等を通じた財政投融資が加わるが，前者については，農地取得資金を除いて，「農業近代化」＝構造改善のための土地改良と機械・施設投資，すなわち広義の公共事業に向けられている．

　これらの公共事業のうち農業については，表向きは構造改善やウルグアイ・ラウンド合意に対応した農林水産業の体質強化を目的としている．だが，

大部分の事業は受益生産者の個人負担や借入金の返済を伴っており，一方における農産物価格の引下げの中で，政府が言うところの「効率的で安定的な経営体」が育成される保証はない．しかし，資本にとっては，そうしたことはどうでもよいことである．国，地方自治体，農協，生産者が基盤整備や施設投資を行うことによって，商品市場が拡大し，景気回復につなげることができるかどうかが問題なのである．

　重視すべきことは，こうした公共事業を請け負う主体は，これまた総合建築資本（ゼネコン）を頂点とする大小の土木・建築業者であり，また生産機械メーカーであることである．この点は，農林水産予算以外の公共事業，具体的には建設省や国土庁の所轄予算にも共通することで，換言すれば，農林水産予算は今日では国家の市場創出政策に完全に包摂され，国家独占資本主義が最終目的とする持続的経済成長に奉仕する役割を負わされているのである．

　以上の事実から指摘できることは，国家独占資本主義の農業政策において，広義の農業生産財市場の拡大政策が重要になってきていることであり，したがって，現状分析としての農業市場学においても，農業生産財市場を国家独占資本主義論の視角から分析する必要性が高くなってきている[11]．

5. 食料市場の拡大と流通基盤の整備

　農林水産省の「農業・食料関連産業の経済計算」によると，1994年度のわが国の農業・食料関連産業の国内生産額は実に105兆円に達する．これは全産業の国内生産額の11.5%を占めており，電気機械器具の52兆円，輸送用機械器具の45兆円を上回り，日本の産業の中で最大の生産額を誇る[12]．だが，農業・食料関連産業の内訳をみると，農・漁業は15.4兆円（農業・食料の国内生産額に占める割合では14.7%）に過ぎず，8割以上は食品工業，飲食店，関連流通産業などの生産額によって占められている（図1-2）．中でも食品工業は同年度の生産額で38兆円に達し，農業・食料関連産業の中で

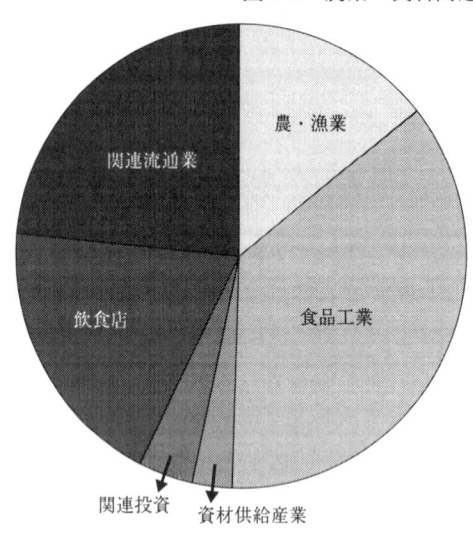

図1-2 農業・食料関連産業の国内総生産額

(単位：10億円)

農・漁業	15,417	(14.7%)
食品工業	38,118	(36.4%)
資材供給産業	2,056	(2.0%)
関連投資	4,587	(4.4%)
飲食店	20,221	(19.3%)
関連流通業	24,308	(23.2%)
合計	104,707	

資料：農林水産大臣官房調査課「農業・食料関連産業の経済計算」(平成6年度).
注：資材供給産業は，飼料，肥料，農薬等の主として農漁業で使用される生産資材．関連投資は，農業機械，食料品加工機械，漁船等の固定資本財の生産および農林関係公共事業，漁港等の投資．関連流通業は，農漁業，食品工業，資材供給産業等の販売に伴う商業マージン，および国内貨物運賃．生産物には，輸入原材料により国内で生産された加工食品，飼料等を含む．

は最大の36.4%を占めるが，その原料にはかなりの輸入農水産物が含まれ，国内農・漁業の圧迫要因になっている．

　以上の国内生産額に輸入加工食品の販売額を加えれば，日本の食料関連市場は実に巨大なものとなる．そして，この巨大市場をめぐって大企業，中小企業，自営業者，協同組合入り乱れての争奪戦が演じられているのである．

　ところで，食料市場は一部品目には寡占市場が形成されているが，米，青果物，水産物，食肉，鶏卵など多くの品目ではまだ大企業の参入が少ない．その要因は複雑であるが，これらの集荷，中継，分散の各流通段階は，長い間，家族生業的な小商人が主に担当していたことも，1つの要因である．また，その前提には零細分散的な生産構造と，比較的狭い地域内の流通構造が

存在していた.ところが,集荷過程における農協の展開や,中継過程における中央卸売市場の整備は,小商人の活動領域を次第に狭めていき,近年では分散過程を残すのみとなった.だが,その残された領域にも,最近では量販店やコンビニエンス・ストアが進出し,家族生業的な小売業者が淘汰されつつあることは周知である.

　小商人の排除過程において大きな契機となったのは,流通における技術革新の進展である.これが"経験とカン"に頼った農産物取扱商人の存在基盤を失わせていったのである.また,革新的技術を伴った流通手段の導入のためには,通常はかなりの貨幣資本を必要とするが,一般に零細で家族生業的な小商人は,こうした資本力に乏しいことも,商人排除に促進的に作用したといえる.

　こうした技術革新の例として,米ではライスセンター,カントリーエレベーター,青果物では自動選果施設,予冷施設,定温貯蔵庫,CA貯蔵庫（りんご）,食肉では産地食肉センター,鶏卵ではGPセンター,生乳・澱粉原料馬鈴薯・テンサイなど加工用農産物においては,オートメーション化した合理化工場,などが上げられる.また輸送手段としては大型冷蔵車,穀物のバラ輸送車,パレット輸送,通信情報手段としては青果物のDRESS,逆DRESS,あるいはチェーン・ストアのPOSシステムなど,革新的流通技術の例は枚挙にいとまがない.

　ところで,革新的流通技術の導入において重要な役割を果たしたのは,国家と農協組織であった.とくに農畜産物の集荷・加工過程においては,農業構造改善事業など農業「近代化」をうたったさまざまな国家の施策の中で,高率の補助金を伴った新鋭の大型設備の導入が全国各地でなされた.その事業主体の大部分は単協であり,農協連合会であった.

　農協はその歴史的経緯から言うと,農村商人による農民収奪を排除することを目的にして生まれたものであったが,その前提には生産手段・流通手段における技術革新と社会化の進展があったといえる.農協はこうした生産・流通の社会化に対して協同で対応したものであり[13],国家も総資本のV部分

（可変資本）を低位安定化させる立場から農協の育成をはかった．農協の育成と保護を通じて，政治的に農民を取り込むねらいも国家にはあった．

　こうして生産・流通面の技術革新が進んだ1960年代以降，わが国では国の補助金を得た設備導入が，主に農協組織を事業主体として進められていった．これに零細な商人は対抗できず，農産物市場と農業生産財市場のほとんどの品目の取扱いシェアを，農協に明け渡していかざるを得なかった．その中には米，生乳や肥料のように農協が独占的シェアを保有するようになった品目もあるが，その場合には，価格支持政策と連動した法律（食糧管理法，加工原料乳生産者補給金等暫定措置法，肥料価格安定臨時措置法など）による流通規制が大きな意味をもった．これらの規制は，事実上，流通面では農協以外の新規参入を困難にしていたからである．そのため，80年代中頃から財界等による農協批判と規制緩和の声が高まり，これを受けて89年に肥料価格安定臨時措置法が，95年に食糧管理法が廃止され，その他の農産物価格支持制度においてもその縮小・廃止が検討されている．

　前述のようにわが国の食料市場は巨大であり，資本からみれば膨大なビジネス・チャンスが広がっている．だが，食料の流れからみると，「川上」（集荷過程）は農協が圧倒的なシェアを有し，「川中」には国と地方自治体の規制を受けた卸売業者が力をもち，「川下」にはいまだ多数の自営小売業者が現存しており，一般に新規参入が難しい．卸売市場法や大規模店舗調整法（大店法）など法律の規制も厳しい．そこで財界（独占資本グループ）は，政府に圧力をかけ各種の流通規制を撤廃させるとともに，農協批判キャンペーンを繰り返し，「川上」における農外資本の参入条件を整えようとする．前述のように，近年における流通技術の進展は目覚ましく，流通手段さえ握れば，"経験やカン"がなくても，農畜産物の流通分野に進出できる．政府はこうした資本の動きを「原料生産から加工・流通，消費までを視野に入れたフード・システムの高度化」（1995年度農林水産予算の編成方針）と称して全面的にバック・アップしているが，その本質は国家独占資本主義による流通基盤の整備であり，究極のねらいは大企業による食料市場の支配にある．

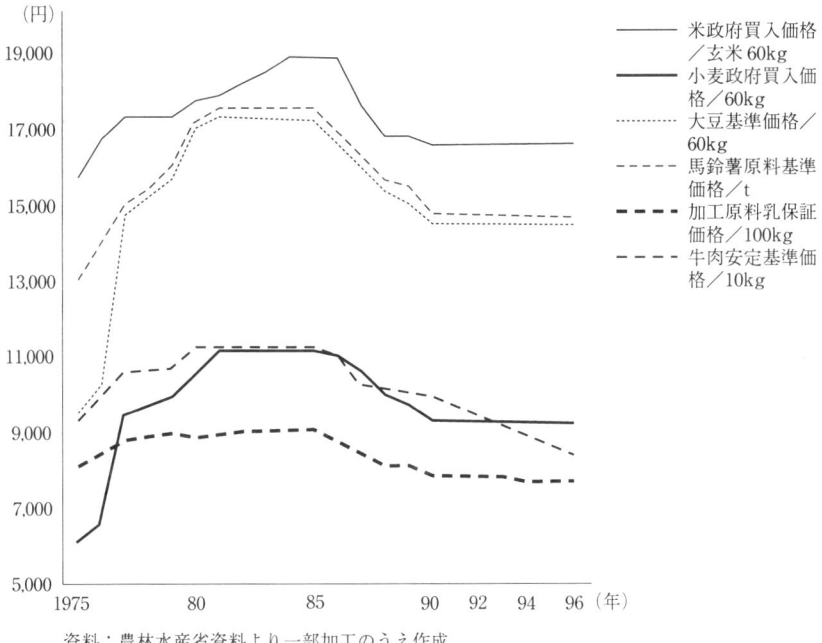

図1-3 農畜産物の行政価格の推移

凡例:
― 米政府買入価格／玄米60kg
― 小麦政府買入価格／60kg
⋯ 大豆基準価格／60kg
--- 馬鈴薯原料基準価格／t
― 加工原料乳保証価格／100kg
-- 牛肉安定基準価格／10kg

資料：農林水産省資料より一部加工のうえ作成.

6. 農産物価格政策の転回と国家独占資本主義

　1930年代にアメリカのニューディール政策で始まった農産物価格支持制度は，第2次大戦後は主要資本主義国に広がり，長い期間にわたり国家独占資本主義の農業政策を代表していた．しかし，1970年代中期に始まる世界同時不況の中で先進資本主義国の多くが財政危機に陥り，農産物価格支持制度は大きな曲がり角に立たされるようになった．そして80年代に入り，世界的に農産物過剰が深刻になっていく中で，アメリカを中心に自由貿易の要請が高まっていった（1986年ウルグアイ・ラウンド開始）．アメリカの自由化要求には，多国籍アグリビジネスのための国際市場の拡大を図ると同時に，財政赤字軽減対策の一環として，農産物価格支持制度における自国の財政負

担の軽減を進めるねらいが隠されていた．アメリカの農産物価格支持制度は，伝統的に政府の保証価格と市場価格との差額を支払う方式（不足払い制度）をとっており，各国の輸入自由化によってアメリカの輸出市場が拡大することは，それだけ市場価格引上げの要素となるからである．だが，もともと農民の政治力が強いアメリカでは，農産物価格支持の水準を下げたり，制度の撤廃を図ることは容易なことではできない．そのため，国際穀物価格が急上昇を始めた90年代中頃になってようやく，今後7年間の直接所得補償と引換えに，不足払い制度とこれと結びついた減反政策の撤廃が可能になったのである．

　これに対し日本では，すでに1980年代初頭から農産物行政価格の据置きを行い，86年から数年にわたって，他に一切の所得補償を伴うことなく，それらの一方的引下げを実施した（図1-3）．こうしたやり方は欧米でも例がないが，こうした乱暴なことが農民の表立った抵抗がないままに実施された背景には，日本の農家構成が圧倒的に兼業に傾斜し，専業的農家の数と政治力がかつてよりも低下していることを指摘できる．加えて，農民の組織である農協中央が1970年代後半以降，政府・自民党に完全に取り込まれ，"第2農水省"と言われるまでに体制内勢力と化してしまったことが上げられる．この他にも80年代中頃からマスコミによって一斉に流された農業批判のキャンペーン，これに加担した労働組合の右翼的潮流や反共「野党」の与党化の強まりなども，農産物価格引下げの背景として無視できないことである．

　ともあれ，以上の農民政治力の後退と共産党を除く総与党化路線の強まりは，国家独占資本主義の一面である譲歩の必要性を全体として失わせていった．農民の反発を招いても，その政治的意味合いは小さく，右傾化した労働組合や反共「野党」を取り込めば，独占資本主義体制は安泰だからである．しかし，農産物価格政策の後退を農民の政治力の低下だけに求めることは正しくない．農産物価格が現代の独占資本主義体制で有する意味を経済的に正しくとらえることが，事態の民主的解決のためにも必要なことである．

　農産物はその消費形態に即してみれば食料と加工原料に分かれるが，前者

の価格は労働力再生産費の一部として，資本が支払わなければならない可変資本(V)の費用に影響を与える．また，後者の価格は，不変資本(C)の一部として，可変資本とともに，資本の費用価格(C+V)を構成する．そのため，農産物価格は資本にとっては安いにこしたことはなく，農産物価格の引下げは，総資本にとっての本来的要求である．とりわけ，商品の国際貿易が進み，費用価格の水準が国際競争に大きな影響を与える段階では，農産物価格の引下げが資本にとっての切実な課題となる．

だが，国内市場を中心にみれば，農産物価格の適切な引上げは，農民の所得向上を通じて国内の消費財市場と農業生産財市場を拡大し，内部循環的な拡大再生産構造にプラスに作用する．国内における農産物価格の高さも，各生産企業の費用価格を均等に高めるかぎりでは，あまり問題にならない．

だが，国際貿易が入ってくると，費用価格を直接・間接に規定する農産物価格の大小が，コスト競争に大きく作用する．国際競争にさらされている資本は，国内農産物の価格引下げができないならば，低廉な海外農産物の輸入を求めていく．これは，低費用価格，高利潤を追求する資本の本性からくることである．

1980年代後半に始まる農産物行政価格の引下げ基調への転回は，85年9月のプラザ合意を契機とした異常な円高・ドル安時代への突入の中で，わが国輸出産業の国際競争力が急速に低下していった事態と密接に関係している．円高に対応して政府は急遽，前川リポートをまとめ（1986年4月），海外投資の拡大や国内低生産性部門の切捨てを含む経済構造調整を進めていった．これと並行して80年代中頃から財界やマスコミから一斉に農産物の内外価格差論が流されたが，これは彼らの言うような消費者の立場からのものではなく，実は円高に伴う輸出商品の価格競争力の低下を，費用価格(C+V)の低下によって埋め合わせようとする資本の要求を反映したものであった．また，円高は同時に割安な輸入食品の増大に促進的に作用し，わが国の食品工業に少なからぬ影響を与え始めた．その結果，食品工業の側からの原料農産物の引下げ要求が従来にも増して強まっていった．

そうした資本の要求に応えるために，国家独占資本主義の機能がフル動員された．前記のように行政価格の水準が段階的に引き下げられる一方で，輸入を制約していた基準・認証制度の緩和が進められ（85年アクション・プログラム決定），91年にはアメリカからの要求が強かったオレンジ，牛肉の自由化（翌年には果汁の自由化）が実施された．いずれも農産物・食料価格の国際水準への接近をはかり，総資本の「C+V」の引下げを図ろうとした行政措置である．

すなわち，1980年代後半に進展した農産物行政価格の相次ぐ引下げは，輸入拡大政策とともに，プラザ合意以降の経済構造調整の一環であり，総資本の「C+V」引下げ要求に完全に沿ったものであった．

7. 流通規制緩和の本質

1980年代後半にはまた，前川リポート（1986年），臨時行政改革推進審議会（行革審）による「公的規制緩和等に関する答申」（1988年12月）等を通じて，資本活動の全面的自由化を求めた規制緩和の要求が財界から強まっていった．とくに後者の答申では「農産物」が取り上げられ，食管制度，農産物価格支持制度，農業資材における政府の価格・流通規制や農協の資材事業に批判の矛先が向けられた．

こうした財界による規制緩和の要求は，90年のバブル経済の崩壊とその後の不況局面の強まりの中で一層激しさを増し，93年11月のいわゆる平岩研究会（細川首相の私的諮問機関「経済改革研究会」）の中間報告では，「別表」に農産物の輸入規制，食管制度，農産物価格支持制度等を挙げ，規制見直しを迫った．さらに同年12月のウルグアイ・ラウンド合意，94年12月の食管法廃止と新食糧法制定，95年1月のWTO発足と，事態は急テンポで進んでいった．これは，アメリカ主導の国際的協調体制のもとで，わが国が国境措置を含めた経済規制の原則廃止の方向に踏み出したことを意味する．

このように，一見すると国家の経済過程への介入は弱められつつあるよう

にみえる．だが，規制緩和は，政府が従来，農民，自営業者，中小企業を含む弱者への譲歩として行ってきた資本活動の規制を主な対象に，これらを緩和・撤廃するものであり，財政・金融政策，貿易政策などを通じた大企業の利益になる規制や，国民の基本的権利に対する官僚的規制は継続される．

農業における規制緩和について財界は，米流通を規制した食管制度と，農地市場への農外資本の参入を規制した農地法に当面の焦点を当ててきた．だが，前者は食管法の廃止と新食糧法の制定によって一応の決着をみた．こうして問題の焦点は後者に移った．農地市場は，長く戦後自作農体制の聖域であったが，高度経済成長下で進んだ兼業化と農地転用の増大の中で，農地を保護する必要性は薄くなってきている．だが，株式会社等の農外資本が農地を取得し，自ら農業を経営する動きはそれほど強くはない．危険を犯して農業を行わなくても，農業生産法人の要件を緩和させ，農外資本が実質的に経営権を握ることができれば，それで十分であるからである．

また，農業生産法人の要件緩和の中で，法人の事業範囲が，農業生産から農産物の加工・流通分野に拡大されたが，これは農外資本の歓迎するところであり，今後，農産物市場への量販店や食品資本等の進出によって，各地で農協との角逐が引き起こされるものと思われる．この点では，これまで農協組織が大きなシェアを保ってきた農業生産財の流通においても同様であり，農業資材メーカーや総合商社による進出は，農協批判や規制緩和論の後ろ盾を得ながら，今後，一層強まっていくであろう．

こうして農業における規制緩和は，現実には流通面における資本活動の自由化にねらいがあることは明らかである．これは，財界が要求する小売商業における大店法の廃止と底流において共通するものである．すなわち，従来，小生産者や自営業者およびそれらの協同組合の力が強く，国家も一定の保護を行ってきた流通部門に対して，資本の参入の道を開くのが流通規制緩和の本質である．しかも，財界の流通規制緩和の要求が，バブル経済が崩壊し，深刻な不況局面に突入した1990年代になって強まったことには意味がある．すなわち，過剰資本の投資先として，それまで大企業の市場支配が弱かった

分野に目が向けられ，国家がそれをバック・アップしているのである．かくして，流通分野においては，国家独占資本主義は弱者への譲歩の"顔"を完全に捨て去り，大企業の流通支配の条件整備のみにその機能を収斂しつつある．

8. 小括：国家独占資本主義と農業市場

以上，国家独占資本主義下の農業市場にみられる特徴的な動きを，現代の日本を対象にみてきた．それらを補足的なコメントを加えながら要約すると次のようになる．

第1に，国家独占資本主義の農政においては，農産物価格支持政策に代わって，広義の農業生産財（土地改良事業などを含む）を対象とした市場創出政策へと重点が移りつつあることである．市場創出政策は，現代では国家独占資本主義のもっとも重要な機能になってきており，農業政策も，市場創出政策として，一般の産業政策，公共事業政策に包摂されている．

第2に，食料市場の全般的拡大の中で，国内農業，したがって国内農産物市場の相対的地位が低下しつつあり，国家独占資本主義の政策方向も，「川上」の農業を対象としたものから「川中」「川下」の食品産業を含めた，いわゆるフード・システムの整備へと重点を移してきている．

第3に，従来，国家独占資本主義の農業政策を特徴づけていた農産物価格支持制度は，農民「保護」の政治的必要性の後退と，国際競争の激化に対応した総資本の「C+V」切下げの経済的要請から見直しが迫られ，1980年代後半以降，行政価格の引下げへと転回した．だが，このことは国家独占資本主義において農産物価格政策がもはや不必要になったことを意味しない．総資本が求めているのは，農産物価格の低位安定化であり，これを実現するために，農産物輸入政策と連携した国内農産物価格の調整政策が引き続き必要であるからである．

第4に，アメリカ主導の国際的協調体制のもとで，内外の大企業による規

制緩和の要求が高まっているが,そのターゲットは,農業や小売商業等これまで大企業の支配が弱かった分野に向けられている.弱者「保護」の政治的必要性の後退の中で,国家独占資本主義の新たな機能として,これら流通分野における規制緩和と資本の参入条件の整備が課題となってきている.

国家独占資本主義における農業市場の位置づけの見直しは,以上に留まらない.第2次大戦後の経済復興期には過剰人口のプールとなり,高度経済成長期には低賃金労働力を潤沢に供給してきた農村労働力市場の役割も低下してきている.それは,農村から流出し得る若年労働力がすでに枯渇し,少数の専業的農家を除けば,圧倒的多数の兼業農家と高齢農家しか残されていないという,わが国農村労働力市場の現実からきている.だがこれは,日本資本の海外直接投資,とくに超絶的な低賃金のアジア地域への工場新設によって,資本の利潤確保が可能になっているという,経済構造調整の現段階にも規定されている.

土地市場や農業金融市場にまで論及する余裕はないが,これまでみてきたことだけでも,国家独占資本主義における農業市場の位置づけの変化は明らかである.だが,その変化は,国内農業と家族経営における危機と裏腹のものである.家族経営の再生産軌道を回復し,国内農業の拡大発展を進めていくためには,政治変革を含む国民的対抗軸の形成によって国家独占資本主義に譲歩を迫り,農産物価格・所得政策の再構築を図ることから始めなければならない[14].

注
1) 農業における資本循環と市場については,太田原高昭・三島徳三・出村克彦編『農業経済学への招待』(日本経済評論社,1999年)第5章(三島稿),および三國英実・来間泰男編『日本農業の再編と市場問題』[講座 今日の食料・農業市場 IV](筑波書房,2001年)第1章(三國稿)を参照のこと.
2) 美土路達雄選集第1巻『農産物市場論』(筑波書房,1994年)第1章,第2章.
3) 御園喜博「「国家独占資本主義的市場編制」の理論と現実」(川村琢・湯沢誠・美土路達雄編『農産物市場論大系2・農産物市場の再編過程』農山漁村文化協会,1977年).
4) 同上,11ページ.

5) 同上，19ページ．
6) マルクス・エンゲルス，服部文男訳『共産党宣言』（新日本文庫，1989年）49ページ．
7) 御園前掲書，20～21ページ．
8) なお，御園の「国家独占資本主義的市場編制論」を最初に批判したのは新山陽子である（中安定子・荏開津典生編『農業経済研究の動向と展望』富民協会，1996年，164～166ページ）．新山は，「国家独占資本主義的市場編制論」による現状解明を，「市場・流通の再編をめぐる現象の全てが国独資の支配の形態のあらわれ，国独資に支配・従属されたものとして説明されてしまい，現象理解の国独資還元論ともいえる硬直的な説明がくりかえされた」（165ページ）と，厳しく批判している．こうした指摘にわれわれは同感するが，だからといって農産物市場分析から国家独占資本主義論をまったく捨て去り，「産業組織論」や「寡占価格理論」でもって市場・流通問題の分析を行うことには賛成できない．こうした理論装置では，現状に潜む「矛盾・対抗関係」をその深部から分析することはできないからである．
9) 島恭彦「国家独占資本主義の本質と発展」（宇佐見誠次郎ほか編『マルクス経済学講座』第3巻，有斐閣，1963年）7ページ．
10) 北原勇「現代資本主義分析の方法と課題」（『経済理論学会年報』第33集，1996年），とくに10～11ページ．
11) 故・宮崎宏は，農業市場における農業生産財市場分析の必要性をもっとも熱心に説いた1人であった．その研究成果は，次節で取り上げる食料市場分析を統合した，宮崎宏ほか共著『食糧・農業の関連産業』（農山漁村文化協会，1990年）となって残されている．
12) 電気機械器具，輸送用機械器具の生産額は，1994年度の通産省「工業統計表」による．
13) 美土路達雄選集第1巻『協同組合論』（筑波書房，1994年）129ページ．
14) 農産物価格・所得政策の再構築の方向については，村田武・三島徳三編『農政転換と価格・所得政策』［講座 今日の食料・農業市場II］（筑波書房，2000年）第11章（北出俊昭稿）を参照のこと．

第2章　国家独占資本主義と公的規制

1. 本章の課題

　前章では現状分析における国家独占資本主義（以下，国独資と略）論の有効性を指摘したが，この言葉に初めて出会った読者には多少分かりずらい面があったものと思う．そこで，本章では冒頭，国独資について，その成立要因と諸機能について簡単な解説を加えたい．

　国独資は，ひとことで言えば「独占資本主義に国家が介入した体制」であり，公的規制はこの体制に不離一体のものである．ところが，1980年前後から欧米や日本で，新自由主義にイデオロギー的基礎をもつ規制緩和政策が登場するようになった．規制緩和論は，公的規制の廃止・縮小による「小さな政府」を主張している．だが，規制緩和政策が前面に出てきたからといって，国独資の体制が変容したわけではない．独占資本主義は不況や恐慌を必然的に発生させるが，そうした事態を自律的に修復できないため，経済過程への国家の介入が避けられない．規制緩和論者のいう市場経済万能論は，資本主義社会の弱者を保護する目的をもってつくられた規制を緩和・撤廃するための方便であり，大企業の利益を守るための規制は依然として維持されている．それどころか，主要な資本主義国ではこれまで持続的経済成長と高水準の雇用確保を図るため，経済の計画化に努力してきた．これは，第2次大戦後ではソ連を中心とした社会主義国に対抗するうえからも迫られた方向であったが，ソ連解体と東欧社会主義国の「改革」後も，資本主義国における

経済計画化の諸措置は継続している．この点は，長期計画立案のための各種審議会の存在ひとつとってみても明瞭である．

このように国独資の体制は，公的規制と計画化を内に組み込んでいるが，その目的を大企業の高利潤確保におくのか，あるいは国民生活を擁護し，その向上を図ることにおくのかによって，規制と計画化の中身は大いに違ってくる．後者の目的は「経済民主主義の実現」という表現にも置き換えられるが，戦後のわが国の経済法では，この目的に沿った法制度が少なくない．農業の保護制度もこれに含まれる．

以下，本章では(1)国家独占資本主義と規制緩和，(2)現代社会と計画化，(3)現代経済法と経済民主主義，の順序で解説を加え，具体的な現状分析に入る前の全体的問題状況を整理したい[1]．

2. 独占資本主義から国家独占資本主義へ

(1) 独占資本主義と不況・恐慌

現代のように大企業が支配している社会（これを独占資本主義という）では，特定商品の市場で大きなシェアを占めている，大企業（産業資本）同士が，協定や提携によって供給量を調節すれば，価格を高位に保つことができる．このようにして形成される価格を「独占価格」といい，独占価格によって得られる平均以上の利潤を「独占利潤」という．このような独占資本主義の社会では，いわゆる「市場メカニズム」は貫徹しない．企業間競争による生産性向上と価格低下というプラス効果もなくなり，大企業から財を購入する消費者や中小企業は，独占価格によるマイナスの影響を一方的に受けることになる．

だが，独占資本主義社会に移行しても，市場経済の基盤は残されている．そのため，大企業を含む企業の投資行動は基本的には自由になされる．資本主義のもとでは，企業は利潤を求めて行動するので，利潤の増大が見込まれる部門に企業の投資と生産が集中する．他方，独占資本主義の段階では，一

般に生産設備は大型化しているので，生産の伸縮性は低下する．その結果，投資の集中した特定の部門に過剰生産が発生する．商品は売れず，価格は長期にわたって低迷する．業績不振の企業は従業員を解雇し，失業者が増大する．特定部門に発生した過剰生産は，しばしば関連する他の部門にも波及する．これが「全般的過剰生産」である．全般的過剰生産になると，経済全体の状態（景気）が沈滞し「不況」になる．不況がより深化と広がりを示し，資本主義経済の根底を揺るがすものが「恐慌」である．

　独占資本主義のもとでの不況や恐慌は，商品の全般的過剰生産だけが原因ではない．この段階では，銀行や証券会社のような金融資本が大きな機能を果たす．これらの資本は，経済という「身体」の維持に欠かせない金融（貨幣や信用の融通）という「血液」を絶えず送り出している．そのため，大きな金融資本が経営的に破綻すれば，「血液」の流れが止まり，経済は部分的に大きな痛手を受ける．これも不況の引き金になる．金融資本の機能が連鎖的に停止し，経済という「身体」が機能不全に陥る状態を「金融恐慌」と呼ぶ．ひとたび金融恐慌が発生すれば，資本主義経済は壊滅的な打撃を受ける．

(2) 国家独占資本主義の諸機能

　過剰生産恐慌や金融恐慌は，独占資本主義に移行した国々で実際に引き起こされた．とくに1929年にアメリカの株価の暴落を契機に始まった恐慌は，その後世界的な広がりを示し，ヨーロッパ，日本を巻き込む世界的な大恐慌となった．この大恐慌は，資本主義経済の自動調節機能に関する信用を完全に失わせ，国家（政府）が経済に本格介入する契機になった．

　国独資は，独占資本主義に国家が介入し，経済の危機回避をはかる体制のことをいう．国独資のもとでも，市場経済は基盤として維持されているが，同時に国家による経済過程へのさまざまな介入がなされる．別な表現をすれば，いわゆる「計画経済」による資本主義の修正である．具体的には，政府が，一定の目標をもった経済計画と，年間の目標経済成長率を策定し，それに向けて民間経済の誘導措置がとられる．この措置として大きな比重を占め

るのが，国の財政政策と金融政策である．前者は，不況打開や恐慌回避のために，公共事業を中心とした財政支出の拡大をはかり，土建業や関連産業にとっての有効需要を創出する機能をもつ．また，国独資の段階では，経済危機を背景に国民の社会福祉や教育に対する要求，農業者や中小企業による保護政策の要求などが強まる．そのインパクトを与えたのが，1917年のロシア革命による社会主義の実現である．ともあれ，国民によるこうした諸要求を実現するための費用も財政から支出される．これはスペンディング・ポリシイ（消費拡大政策）と呼ばれ国独資のひとつの経済政策であるが，独占資本主義体制を政治的に安定させるための民生対策費でもある．

　後者の金融政策の中心は公定歩合操作だが，これは中央銀行が民間銀行に貸し出す金利を上下させることによって，金融市場に出回る資金量を調節する機能を果たす．中央銀行による金融政策は，公定歩合操作以外にもいろいろな形態があるが，いずれもその目的は金融市場に出回る資金量の調節にある．

　国独資のもとでは，経済が危機的な事態になれば，財政・金融政策以外の各種の政策が機動的に実施される．その中には，財政資金の投入や中央銀行の融資による金融資本自体の救済やテコ入れも含まれる．これは，金融不安を背景に1998年に政府・自民党によってつくられた70兆円に及ぶ金融再生システムの中に典型的に現れている．

　第2次大戦後の主要資本主義国は，以上のような国独資の体制にあるが，1980年ごろから「小さな政府」と「規制緩和」を旗印とした新自由主義の動きが目立つようになった．一見すると新自由主義は，独占資本主義以前の自由な市場経済への回帰を目指しているかのようにみえる．だが，現代資本主義の基軸にある大企業による独占的な市場支配には，新自由主義はいっさい手をつけない．それどころか，経営危機に陥った大企業には，保護・救済さえ要求している．新自由主義のいう規制緩和は，国独資による民生対策のための規制を緩和・撤廃し，大企業の自由な活動のための環境を整えるところにその本質がある．新自由主義的政策が展開されるようになったからと言

って，国独資の体制が変化したわけではないのである．

3. 国家独占資本主義と規制緩和

(1) 新自由主義と規制緩和

　規制緩和政策は，1980年前後からに英，米，日などの政府が進めてきたものであり，経済政策的には新自由主義と呼ばれている．その背景に，第1次オイル・ショックを契機にそれらの先進資本主義国を襲った財政危機が存在していることは周知である．新自由主義の政策では，第1に「小さな政府」「財政効率化」の旗印のもとに，社会福祉，文教，農業，中小企業，公共事業など国民生活と密接なつながりを持った行財政部門を縮小するとともに，第2にそれらの「民生的」「公共的」分野に対する政府規制の緩和をはかることによって，民間資本が自由に投資を行える環境をつくることにねらいがおかれている．

　ここで注意しておくべきことは，前者における行財政の削減措置は，後者における自由な資本活動のための条件整備のためのものであり，財政抑制それ自体に目的があるわけではないことである．その証拠に深刻な財政危機に悩むアメリカでは，時のレーガン政権によって"金持ち優遇"と批判されるような所得減税が行われ，日本でも消費税導入と引換えに同様の"高所得者優遇"減税がなされている．また臨時行政調査会（第2臨調）が推し進めてきた行政改革でも，財政危機打開にとっては不可欠な軍事費や海外協力費，さらには大企業に対する補助金等の削減，また大企業と資産家に対する各種の優遇税制などには，まったく手がつけられていない．そこには，「行財政改革」に名を借りた新自由主義（日本では臨調・行革路線）の階級性（大資本による国民収奪の強化）が，明瞭に看取できる．大資本にとっては，投資と利潤追求の場の拡大がすべてに勝る最優先の目的なのであり，「財政再建」は資本主義体制の危機に直面するまでは，死活的な課題にならないのである（日米構造協議において，アメリカは10年間で430兆円という財政破綻に通

ずるような膨大な公共投資を要求したが，これに対し日本の政府と財界は表立った反対をしなかった事実を見よ！）．80年代後半に入り，わが国において資本活動の自由で全面的な展開を指向した規制緩和論が登場してきたのは，資本主義の本性に基づくものであり，日米の大企業の利益拡大をねらいとしたものである．

(2) 国家独占資本主義と規制

第2次大戦後，欧米を先頭にした資本主義国の大半は，政府の経済過程への介入を特徴とする国独資の体制に移行した．しばしば指摘されるように，この体制は"2つの顔"を持っている．第1は，恐慌や経済危機を緩和し，さらに大企業の高蓄積の条件を整えるなど，独占資本主義体制を補強する"顔"であり，第2は社会的弱者に対する保護と救済を政策目的のひとつとする「福祉国家」の"顔"である．国独資の二面性とも言われるこれらの特徴は，世界史的には社会主義国の相次ぐ誕生と資本主義国における労働運動・民主主義的運動の前進の中で，形づくられてきたものであった．資本主義体制にとってのこうした重石の増大は，大企業の蓄積と支配の条件を補強するための国家の役割をクローズアップさせていった．すなわち国家は，その「中立的」な"顔"をもって経済過程に介入し，雇用の安定や社会保障の充実，さらには農業・中小企業の保護政策の展開などを通じて国民の不満を宥和するとともに，同時に独占資本主義体制の長期的安定と発展のための諸条件・諸制度を整備していったのである．

そうした目的をもった国家による経済過程への介入（経済政策）には，大きくは「規制的手段」と「誘導的手段」とがあるが，国家自体も巨大な財政支出をなす経済主体として，直接・間接に経済活動を行っている[2]．こうした「国家介入」の背景や目的をみると，それは大企業にとって高蓄積が保障される面と，逆にそれが制約される面とがあることがわかる．前者の「介入」の多くは，独占資本主義の展開にともなって崩れつつある競争秩序を支えるためものであり，これによって確保される「公正な」競争条件の確保は，財

政金融政策を通じた大企業への直接の保護政策の実施とともに，大企業に対して高利潤追求のチャンスを与えるものである．

これに対して後者の高蓄積を制約する「介入」は，民生・公共部門における各種の保護政策とともに，労働者と国民への譲歩を意味する．これは大企業の膨大な利潤からみれば，その分け前のごくわずかの"払い戻し"であり，高蓄積体制維持のための一種の"保険金"，または国民の"政治的買収費"である．しかしながら，わずかにせよ大企業に譲歩を余儀なくさせている背景には，さまざまな形での労働者と国民の運動があり，現在の体制与党＝自民党の政治への批判がある．また，いくつかの重大な問題を抱えていたが，第2次大戦後の"社会主義体制"の存在は，独占資本主義国の福祉・労働政策に一定の譲歩を与える方向で作用してきた．そのため，大企業の側の譲歩の多くは，労働者と国民の側では生活の向上と安定につながる獲得物である．逆に言うと，国民にとって利益があり今後とも維持・発展させたい法制度は，独占資本にとってはできれば取り除きたい障害物であり，そこにはお互いに譲ることのできない対立的な関係がある．その方向を決めるのは彼我の力関係である．

この点から言うと，1970年代後半から顕著になった労働組合や農協の右傾化，さらには反共野党の準与党化は，大企業の側に譲歩を余儀なくさせた政治的拮抗状態の喪失を意味する．こうして，80年代に臨調・行革路線が比較的スムースに導入され，同年代の中頃からは独占資本に都合の悪い諸規制が具体的に検討され，その緩和ないし撤廃が政治日程に上るようになったのである．

ところで，1990年代に入って以降，規制緩和論が勢いを増している背景の1つとして無視できないことは，80年代の末葉に露呈した社会主義国の破綻とその後における資本主義的市場経済の導入である[3]．これはソ連・東欧を長年にわたって支配してきたスターリン主義による集権的・指令的経済の破綻であり，社会主義的計画経済そのものの破綻とは必ずしも言えないが[4]，当のソ連や東欧諸国の誤った対応もあって，自由な市場経済を基盤とする資

本主義の勝利であるかのごとき宣伝が，90年代に入り西側陣営から大々的かつ系統的になされるようになった．だが，当の資本主義体制自身，現在では国家による経済への介入と計画化があってはじめて成り立っている．また，これまでの社会主義体制が市場経済を全面的に拒否しきたかのようにみるのは，一面的で意図的である．いずれにせよ，こうした2つの社会体制を貫く方向は，現代では計画化である．そうした現代史の動きからも，規制緩和論の位置が問われなければならない．

4. 現代社会と計画化

(1) 社会主義諸国の市場経済化

　市場経済万能論者は，市場経済を資本主義国に固有なものと決めつけるとともに，社会主義国の計画経済を統制経済と同一視し，その経済体制を非人間的で非効率なものとして描き上げる．だが，いずれの主張も十分な根拠をもってはいない．確かに，ロシア革命と第2次大戦後に生まれた社会主義国は，生産力の立ち遅れと流通機構の未整備から，一般にモノは不足しており，種類も少ない．こうした現実は，ソ連・東欧を長く支配してきた集権的・指令的政治経済体制の結果であり，市場の役割を軽視してきた社会主義経済学の弱点の現れでもある．

　しかしながら，ハンガリーや中国・ベトナムなど一部の社会主義国では，かなり以前から集権的・指令的システムの問題点を克服することを目的に，社会主義体制の中に市場経済の導入を図る改革を進めてきた．そうした改革方向の中で，市場は経済の自律的調節弁として重要な位置づけがなされている．いわば"市場型社会主義"が目指されているのである．こうした社会主義国における改革路線の広がりの中では，市場経済はもはや資本主義国に固有なものではない．だが，注意しておくべきことは，社会主義国の市場経済は，次の点でその基盤が資本主義国とは違っていることである．すなわち，資本主義国の市場経済は，それを基盤に商品，資本，土地，さらに労働力を

商品化し，資本－賃労働関係を基軸に資本の利潤追求を図る体制である．これに対して社会主義国の場合は，土地その他の基本的生産手段は社会的所有とし，基本的には計画経済と協同システムを基軸に国民の生活向上を図ろうとする体制であり，市場は商品・資本の円滑な流通と需給調整を図るための経済装置として位置づけられている．

もともと「社会主義世界市場と資本主義世界市場を分断する万里の長城があるわけではない」[5]．そのため，「情報・通信革命」によって国際的な相互依存関係が発展している現代世界では，資本主義諸国と社会主義諸国との相互浸透が進むのは，ある意味では当然のことで，それが歴史の進歩でもある．現実の世界の動向をみても，計画経済を基本にしている社会主義諸国が市場経済と民営化を導入し，経済の活力化と効率化を目指している一方で，国家独占資本主義体制を取っている資本主義諸国では，早くから経済の計画化を組み入れ，持続的な経済成長と高水準の雇用確保を図ろうとしているのである．

(2) 新自由主義の終焉と国家介入，計画化

現代の発達した国独資のもとでは，"自由な市場"の存在は神話に過ぎない．すなわち，「真の問題は，経済計画か自由市場かの選択ではない．歴史はこの選択をすでに決定しており，計画は，今日では，もはや取り消すことのできない既成の事実となっている」[6]のである．

確かに1980年代に入り，英国のサッチャーリズム，米国のレーガノミックス，日本の「中曽根・民活」など，一見"自由主義経済への回帰"を思わせる新自由主義的政策が一定の広がりを示したことは事実である．しかし，これらは二度のオイルショックと財政破綻，スタグフレーションで危機に陥った財政・経済を立て直すために，経過的に採られた政策といってよく，国独資の計画化と管理の体制がなくなったわけでは決してない．現にアメリカではレーガノミックスによっても好転しない貿易と財政の赤字に対する国民の不満が高まり，88年1月のレーガンの退任を機に，保護主義が再び経済政

策の前面に出てきた．その象徴的出来事は，「1988年通商と競争力に関する包括法」（包括通商法）の成立である．同法は，スーパー301条など対米貿易黒字国に対する報復措置を規定した法律であるが，他方で，アメリカ産業の国際競争力を強化するためのさまざまな施策が盛り込まれている．ここでは，経済を自由競争と市場原理にまかせておくのではなく，国家みずからが産業の競争力強化に乗り出す，いわゆる「国家経済戦略」（national strategy）を採用するにいたったのである．また，すでにレーガン時代に巨額な財政負担を伴って制定された1985年農業法は，国独資の保護と規制の体系そのものであるが，その基本的体系は90年以降の農業法でも存続している．

　1980年代を風靡した新自由主義の終焉を示すこれまた象徴的出来事は，英国で11年半にわたって政権の座にあり，文字どおり新自由主義の旗頭であったサッチャー首相の辞任（1990年11月）である．もともとサッチャーリズムは，自助努力と自由競争の名のもとに，社会福祉の切捨てと賃金の抑制を強行し，公営企業を民営化することで国民へのサービス水準を低下させる反面で，軍事予算の増強や大企業・高額所得者優遇の税制改革に率先して取り組むなど，徹頭徹尾，反国民的なものであった．しかも，80年代末になってイギリス経済の景気後退が進み，失業者が再び増大する中でも，相変わらず"自由主義"を説き続け，政府として有効な手を打たなかった．さらに，貧富の差を考慮せず，住民1人当たり機械的に税金を課す新地方税（人頭税）の導入は，サッチャー批判を決定的にし，同首相の墓穴を掘ることになったのである．

　90年代を通じてヨーロッパ各国は規制緩和による弊害を露呈させ，これを機に社会民主主義諸党による政権交替が相次いだ．フランスでは共産党も政権に参加した．政権が代わって以降も規制緩和政策を継続する国もあるが，大半の国では，国民生活と環境を守るための規制と保護政策を復活させている．90年代末に吹き荒れたヘッジ・ファンドによる為替投機と，これによって引き起こされた東南アジア，ロシア，ブラジルなどの通貨下落と経済危機の発生も，自由な市場経済に対する批判を強める方向で作用した．

第2章　国家独占資本主義と公的規制　　　　　　　　　　33

　こうして，世界的には80年代の徒花であった新自由主義は終焉へと向かい，再び国家の役割が見直され，経済への介入と計画化が復活しつつある．だが，こうした資本主義諸国の歴史的トレンドに目を向けることなく，「市場・競争原理の導入」をオウムのごとく繰り返している経済学者・評論家の数はいっこうに減らず，国民意識に一定の影響力を与えている．それは現代の資本主義体制が，マスコミや政府審議会などに，彼らを登用しているからである．「経済学者たちは山なす本を書いて，独占の個々の現われについて記述しながら，あいかわらず口をそろえて，『マルクス主義は論破された』と言明している．しかしイギリスのことわざもいうように，事実は曲げようのないものであって，いやでもおうでもそれを考慮に入れなければならない」（レーニン）[7]のである．

(3)　計画化をめぐる「2つの道」の対抗

　レーニンが『帝国主義論』（1916年）で鋭く洞察したように，主要資本主義国はすでに20世紀の始めには独占の支配する帝国主義段階に移行した．この段階で古典的な自由競争はすでに過去のものとなった．だが，「形式的にみとめられる自由競争の一般的なわくは，依然として残っている．そして少数の独占者たちの残りの住民にたいする抑圧は，いままでの百倍も重く，身にこたえ，耐えがたいものとなる」[8]．独占的な大企業がすでに市場を支配しているもとでの自由競争原理の導入は，国民の側からみれば苦痛以外の何物でもない．ましてや21世紀に入った資本主義諸国では，技術・情報革命が進展し，生産は著しく社会化されている．こうした状況は，「資本家たちを，その意志と意識とに反して，競争の完全な自由から完全な社会化への過渡の，ある新しい社会秩序へ，いわばひきずりこむ」[9]．すなわち，現代の支配者である独占的大企業は，管理と統制のための技術手段をすでに保持し，利潤の極大化を図ることを目的に経済の計画化を大がかりに進めている．これは自由競争に代わる新しい「過渡的社会秩序」（＝計画化）の形成を意味しよう．

現代資本主義社会が歴史的に負っている課題は,「この独占のための独占による計画的管理を, 全人民のための民主的計画化へ発展させる」[10]ことにある. 国民にとっては搾取と収奪強化の政策体系にすぎなかった, 新自由主義の終焉は, 国家および地方自治体の役割の再評価をいやおうなく迫って行く. しかし, そこには「独占のための独占による計画的管理」と「全人民のための民主的計画化」とのあいだの, 鋭い対抗がある. それは, 国独資の枠内における計画化をめぐる「2つの道」の対抗であり, その帰趨を決めるのは人民のたたかいである. 彼我の力関係が人民の側に有利に動くならば, 大企業（独占）の権力のもとでも,「民主的計画化」の部分的実現, 譲歩と改良を勝ち取ることができる. そして, 人民の側が大企業の権力とのたたかいに勝利し, 真に民主主義的な国家を樹立できるならば,「民主的計画化」は, 国民大部分の合意のうえで, 基本的生産手段の社会的所有と協同システムを基礎とする計画経済（社会主義）へと進んでいくことになろう. だが, 目標となる社会主義社会は,「ソ連型社会主義」とはまったく違う, 自由・人権と民主主義が全面的に保障される, 歴史上初めて経験する体制となるであろう.

　また, 国独資のもとでの「民主的計画化」から「社会主義的計画経済」の全過程において, 市場経済が存在し, 個人と企業の自由な営業活動が認められることになろう. ただし, 国独資の社会において, 個人と中小零細企業に営業の自由を保障するためには, 市場経済を支配する大企業への民主的規制を行う必要がある. 国独資の社会では, この外にもさまざまな公的規制を組み入れ, 経済民主主義の立場から消費者や農業・中小企業などの保護を行っている. これらは, 現代社会では主に経済法の課題であるので, 次にそれをみよう.

5. 現代経済法と経済民主主義

(1) 「競争秩序の維持」と独占禁止法

　現代の資本主義社会は様々な経済法を有しているが，そのバック・グラウンドには，取引当事者間の取引上における平等関係が失われ，市場を支配する独占（大企業）のみが実質的に経済的自由を享受するという，独占資本主義の進行がある[11]．したがって，現代経済法が社会的に要請されている課題は，この方面の泰斗・正田彬に言わせれば，「実質的な取引上の地位の対等性および取引の自由」を，「市場における市場支配力を頂点とする支配構造，すなわち競争の制限・阻害に対する規制を通して実現する」ことにある[12]．この場合，市場支配力（独占）に対する規制は，同氏によると，あくまで近代市民社会における平等権と競争秩序の回復を目的としたものとなる．しかしながら，一方で独占を残存させながら，競争秩序の回復をはかり，取引上の対等性を確保することは，実際上は不可能であり，上記の指摘は，結局のところ現在の独占資本主義体制を維持する主張に通じかねない．

　各事業者に真の意味での「営業の自由」，すなわち取引の自由や対等性を実質的に保障するためには，現代の市場社会を支配する大企業の自由な営業活動に対して，国家が規制を加える必要がある．岡田与好の言い方を借りれば，「独占資本主義と呼ばれる現在の社会体制のもとでは，『営業の自由』の保障は，私的経済活動一般の自由と等置された『営業の自由一般』に対する国家的制限をこそ必要としている」[13]のである．この場合，実質的に「営業の自由」を奪われているのは，言うまでもなく大企業の支配にさらされている自営業者や中小企業者なわけだから，「営業の自由一般」の国家による制限の中身は，談合や協定など不当な方法による取引制限や市場支配力の排除，自営業者・中小企業者の活動分野への大企業の参入規制，あるいは事業の過度な集中の防止など，大企業の活動の根本に対する規制でなければならない．それは，経済民主主義の立場からの大企業の規制と言い換えてもよい．

ところで，第2次大戦後におけるわが国の経済法制は，独占禁止法による公正かつ自由な競争秩序の維持を基本として構成されているといわれる[14]．だが，現代の経済法には，同時に大企業にとっては活動の制約になっているさまざまな経済規制が含まれている．それが，国独資の二面性に規定された経済法の二面性であることは後述するが，独占禁止法についても，「競争秩序維持」の目的と同時に，独占（大企業）の自由な経済活動を規制することによって，中小事業者や自営業者の「営業の自由」を擁護し，さらには消費者の利益を守るという，いわば経済民主主義の実現が目的とされていることに注意を払う必要がある．

周知のごとく独占禁止法は，第1条で「私的独占，不当な取引制限及び不公平な取引方法を禁止し，事業支配力の過度な集中を防止して，……公正かつ自由な競争を促進し，事業者の創意を発揮させ，……」，もって「一般消費者の利益を確保するとともに，国民経済の民主的で健全な発展を促進すること」をうたっている．この後段の目的については，経済法学会では一般にこれを「究極目的」と理解し，前段の「公正かつ自由な競争の促進」という「直接目的」あるいは「手段目的」と同じようには重視していない．だが，経済民主主義の実現という実践的立場からすれば，後段の目的はきわめて重要である．

ここでは，経済民主主義を一応，「大企業の反社会的活動や対外経済進出を規制し，資本主義の枠内で国民本位の経済を実現すること」と定義しておこう．こうした経済民主主義実現の目的が独占禁止法の中に入ったということは，第2次大戦後の民主化政策の反映であり，他の民主的法制度・条項とともに，国民にとっては守るべき対象であることを確認したい．確かに独占禁止法は，制定後，その当初の内容が次第に骨抜きにされ，事実上，カルテル容認立法の観を呈している．だが，こうしたマイナス面は，国民の運動と民主的権力の実現があれば再改定できることである．重要なことは独禁法の度重なる改定の中でも，その目的条項については手がつけられないでいることである．その点に依拠して経済民主主義実現の運動に取り組むことは，国

民の支持を得る近道にもなる．

　しかしながら，独占禁止法が直接の目的としていることは，前述のように「公正かつ自由な競争の促進」という，独占資本主義そのものの存立基盤でもある「競争秩序」の維持にあるわけだから，経済民主主義の実現を，独占禁止法のみに期待するわけにはいかない．そこに，次に述べる社会的規制や産業規制の役割が存在する．

(2) 社会的規制と産業規制

　正田の整理によると，わが国の経済法体系は，独占禁止法を基本法とする「競争秩序法」に加え，他に「産業規制法」「消費者関係法・中小事業者関係法」「対外経済法」によって構成されるが，こうした経済法全体の前提として，消費者に提供される生活物資およびサービスについて，生命・健康を擁護する観点から規制を加える法制度が存在するという[15]．これらは例えば，薬事法による医薬品，医薬部外品，医療用具等の規制，食品衛生法による食品，食品添加物，食品用器具等の規制，毒物及び劇物取締法による毒物・劇物等に対する規制，農薬取締法による農薬規制，電気用品取締法による電気用品の規制，道路運送車両法による自動車等の規制など数多く存在するが，その多くは公的機関による検査検定制度や資格制度を伴っている．これらの規制は，いずれも国民の生命・財産の安全の確保，環境の保全，などを目的にしていることから，社会的規制とも言える．また，これらは生産技術の発展や商品開発の進展に応じて制定されてきたものが大部分である．かりにこうした商品・サービスに対する規制がなければ，資本の野放図な活動によって文字どおり国民の生命・健康・財産等が脅かされることになる．この点については，一部にみられる規制緩和の動き[16]などは論外のことである．

　さて，前述した経済法体系の中で，特定の産業分野を対象にして，直接的な国家規制を行うことによって何らかの形で競争秩序を修正し，国民生活や消費者の権利を守ることを法の主要な目的としているのが「産業規制法」である．これは，「消費者関係法・中小事業者関係法」──各種協同組合法にみ

られるように，消費者・中小事業者の組織化を積極的に図り，彼らの権利を擁護することを目的としている——とともに，広くは経済民主主義をめざした法体系とみることができる．

　産業規制法の対象となる産業は，一般に国民生活と関わりの深い，それゆえ自由競争を通じては消費者・国民の権利や利益が確保されないところの公益性・公共性を有した特殊な分野であり，具体的には次の2つの要件が必要とされるという．第1に，その分野の事業が，国民生活・消費者にとって不可欠で重大な影響を与える商品・サービスを供給するという，「事業活動内容に関する特殊性」が必要とされる．第2に，その事業が，第1の要件に加えて，「線・管等を通して行われるという意味での設備制約性をもつ」，いわゆる「自然独占とされる事業」であることである[17]．これらの要件に照らし，具体的に産業規制法の対象となっている事業分野を列挙してみると，郵便事業，下水道事業，たばこ製造業，電気事業，ガス事業，鉄道事業など一般に公益事業といわれるもののほかに，金融業，石油精製業，自動車運送事業，通運事業，倉庫業，放送事業，など数多く存在する．また，正田に言わせると，「農林水産業についての各種規制も，本来は，ここに含めて整理することが必要である」[18]とのことである．

　以上挙げたような事業分野はいずれも国民生活と関係が深く，そこから提供される商品やサービスが消費者・国民に重大な影響を及ぼすことから，現代では各種の法によって事業活動が規制されているわけである．その場合の規制方法は，①認可・許可等による参入規制，②価格等の取引条件についての認可等による規制，③企業経理等についての規制，に分けられるが，実際にはこれらを組み合わせた規制が行われている[19]．そのうちで中心的な役割を果たしているのは，事業活動に対する参入規制である．とくに公益事業といわれる分野には，法による規定または大幅な参入規制によって，特定の事業主体に事実上の独占（その中には国家や地方公共団体によるものを含む）が容認されており，これらでは独占禁止法の適用も除外されている．しかし繰り返し言えば，参入規制や「独占」が容認されるのは，国民生活に不可欠

な商品とサービスの供給を行っている公共性のある事業分野である．それゆえ，事業主体として認可された民間資本が，「独占」や参入規制を逆用して私的利益の追求に走り，結果として国民生活に犠牲を強いるようなことがないように，参入規制と同時に資本活動に厳しい規制を加えなければならない．そのことは，事業者の「営業の自由」を制約することになるが，当該事業の公共性からいってそれはやむを得ないことである．

　これまで，経済民主主義の実現を目的とした産業規制法の特徴をみてきたが，産業経済への国家の直接的介入という点では，他に，「分野調整法」や「市場統制法・商品規制法」として整理できるものが存在している．このうち前者は，中小事業者の保護のため，大規模事業者の参入や活動に制限を加えるもので，大規模小売店舗調整法や，中小企業事業分野法などが代表的なものである．また後者には，第1次オイル・ショック時に定められた石油需給適正法や「生活関連物資等の買い占め及び売り惜しみに対する緊急措置に関する法律」など，一定の緊急事態に対処するためのものと，従来の食糧管理法による米穀，麦類の規制に代表される，農産物に対する一定の規制を内容とするものが含まれるという[20]．これらの規制や国家介入は，国民生活の擁護や中小企業・農業の保護を目的にしており，いずれも広い意味での経済民主主義を指向した法制度とみることができる．

(3) 国家独占資本主義と経済法の二面性

　この節の終わりとして，以上概観してきた経済法体系を再整理するならば，こうなろう．現代日本の経済法は，「経済秩序法」と「経済規制法」という，目的を異にする2つの体系から成っている[21]．前者は，資本主義経済の基盤である競争秩序を維持することを目的としたもので，この中心は言うまでもなく独占禁止法である．だが同法は，その究極目的に，「一般消費者の利益を確保するとともに，国民経済の民主的で健全な発達を促進する」とあるように，一種の経済民主主義の実現が指向されている．後者の「経済規制法」は，この経済民主主義の実現のために，国家が競争秩序に規制を加えるもの

で，消費者の生命・健康および国民生活の擁護，さらには農業・中小企業の維持・発展などを目的としている．これには，現代の日本では特定分野の産業規制を中心とした経済的規制が存在するが，国民の生命・安全等の擁護のための各種の社会的規制も含めてよいだろう．「経済規制法」の背景には，資本主義の発展の一方で生み出される社会的弱者の救済と保護の要求がある．したがってこの法制度は広くは社会法に位置づけられ，資本主義体制の維持のための一種の政治的妥協の産物である．

現行の経済法をこのように2つの体系として整理することが許されるならば，これは前述した国独資の二面性に対応したものであるといえる．すなわち，政治的・経済的な危機対応としての国独資は，一方で各種の経済政策の発動によって，競争秩序の維持と大企業の高蓄積条件の確保をはかるとともに，他方で資本主義体制の維持のために，労働者と国民への譲歩を余儀なくされるからである．経済法における「経済秩序法」としての体系は，言うまでもなく国独資の前者の側面に対応したものであり，「経済規制法」としての体系は後者の側面に対応したものである，と一応は整理できるであろう．なぜ，「一応は」と言うかというと，「経済規制法」といえどもすべてが大企業側の譲歩ではなく，例えば事実上の「独占」を容認する参入規制など，国民の厳格な監視と政府の民主的な規制がなければ，それ自体が高利潤取得の条件になるような「規制」が存在するからである．

だが，農業についての規制は，これまでかなり徹底して行われてきたといえる．これは，農業の産業的特性が，「経済規制法」とくに産業規制法が要件とする公共性をもっともよく兼ね備えているからである．次にこの点に触れ，本章のむすびとしよう．

6. むすび：農業保護と国家介入

どの国でも農業は政府による保護の対象となっている．これは，農業が人間生存に不可欠な食料を供給する産業であるという，あらゆる時代，あらゆ

る社会体制に共通な特性を備えているだけでなく，工業化の進んだ現代社会において，自然環境維持や国土保全，さらには伝統的文化の継承などに果たす農業・農村の役割が再評価されつつあるからである．だが，農業保護の根拠をこのような「産業的特性」のみに焦点を当ててみることは，事態の本質を見誤ることになる．なぜならば，資本主義国では農業は一般に小農民によって担われており，彼ら中間層（小生産手段の所有者）としての小農を「保護」することは，資本家階級が支配体制を維持するためにも欠かせないからである．

　現代の資本主義国では，農業保護は主として体制的危機の関数として現れる．その場合の体制的危機は，小農民が政権党の支持基盤から離れていくことによってもたらされるだけでなく，資本による搾取・収奪の強化の中で，労働者階級を中心とした勤労国民が体制批判を強めることによっても醸成される．したがって農業保護政策は，小農民および勤労国民が，体制的危機の深化を背景にして農業に保護を求めたときに初めて展開の契機が与えられるのである．が，それが現実化される過程においては，政権党とその政府は，先の農業の「産業的特性」を最大限に利用し，"農業の守り手"としての自己の存在を政治的にアッピールし，支配体制の維持につなげようとするのである．そこに，「体制的危機の関数としての農業保護」の意味内容がある．

　それゆえ，現代の資本主義社会において農業保護を真に実現させるためには，小農民と勤労国民が提携して，政権の支持基盤に動揺を与え，支配者が譲歩をせざるを得ないような政治的拮抗状態を作り出すことがぜひとも必要である．逆に言うと，こうした階級的・政治的視点をもたない「農業保護論」は，結局のところ，農業に対する資本参入のための露払いの役割を果たすにすぎなくなることを銘記すべきである．

　ところで，農業保護の政策目的を実現させるためには，何らかの形での国家の介入が不可欠である．この場合の介入の手段は，経済政策一般と同じように，①規制的手段（許認可，下命，指導など），②経済的誘導手段（価格支持や補助金など），③政府または公的機関による事業活動，の3つに分け

られる.

　前述の小農民・勤労国民による真の意味の農業保護路線では，農業を国民経済の基幹部門として位置づけ，食料供給や自然環境保全といった農業の公共性，および農民の経済的状況に対応した，国家および地方公共団体による公的介入が不可欠である．その場合の介入方法は，農産物の流通・輸入規制や農地の転用・売買規制など狭義の規制的手段，農産物価格支持や政府買入制度，補助金交付，利子補給などの経済的誘導手段，主要農産物や輸入される食品・種苗・家畜に対する国営検査体制など，いくつか存在する．また，かつての食糧管理制度のように米麦の需給・価格・流通・貿易に対して，公的な管理（control）と規制（regulation）とを適宜組み合わせた方法もある[22]．だが，いずれの方法においても，前提になるのは経済民主主義の立場に立った資本の参入規制である．

　農業保護の立場と法制度を論ずる場合，現代の経済法から学ぶものは少なくないのである．

　　注
1) 本章の3以下は，宮下柾次・三田保正・三島徳三・小田清編著『経済摩擦と日本農業』（ミネルヴァ書房，1991年）第11章の拙稿「国家独占資本主義と公的規制―規制緩和論批判―」のII～Vを，執筆後の情勢変化を踏まえて書き改めたものである．
2) 来生新『経済活動と法』（放送大学教育振興会，1987年）34～41ページ．
3) 「規制緩和（デレギュレーション）や民営化の動きが，発達した資本主義諸国はもとより社会主義諸国まで巻き込む汎世界的に共通な趨勢となってきた最近の現象についての最も単純な解答は，これは，社会主義計画経済の敗北と資本主義自由経済の勝利を意味すると考えることだ．この傾向が，レーガノミックスやサッチャーリズムや中曽根『民活』路線のように，主要資本主義諸国の政治の右傾化と保守化を伴っているだけに，なおさらそうである」（山口正之『資本主義はどこまできたか』大月書店，1989年，110ページ）．
4) 社会主義国の計画経済はさまざまな問題があるとはいえ，福祉政策や労働政策の面では先進性を発揮し，これが資本主義国に影響を与えてきた事実は正しくみておかなければならない．IMFに指導された急激な市場経済化は，これら社会主義国のプラス面をも廃棄し，国民の大部分に塗炭の苦しみを与えている．そのため，社会主義に決別した国においても，ある程度の計画経済化への揺り戻しが

行われることになろう．
5) 山口前掲書，108ページ．
6) 同上，112ページ．
7) レーニン『帝国主義論』（国民文庫・大月書店）26ページ．
8) 同上，33ページ．
9) 同上，33ページ．
10) 山口前掲書，113ページ．
11) 今村成和の定義によると，「経済法とは，独占の進行により，自律性を失うに至った資本主義経済体制を，政府の力によって支えることを目的とする法の総体をいう」（今村『私的独占禁止法の研究（三）』有斐閣，1969年，286ページ）．
12) 正田彬ほか『現代経済法講座1 現代経済社会と法』（三省堂，1990年）31ページ．
13) 岡田与好『経済的自由主義』（東大出版会，1987年）63ページ．
14) 正田ほか前掲書，45ページ．
15) 同上，45～49ページ．
16) 食品添加物の規制緩和の動きが典型例といえる．食品添加物は，1972年の食品衛生法改正の際の国会決議によって「極力制限する」政策がしばらく続いたが，80年に日本が「ガット・スタンダードコード」（貿易の技術的障害に関する協定）に調印して以降，国際基準に合わせて規制を緩和する方向に転換した．そして，85年には「基準・認証，輸入プロセスに係わるアクション・プログラム（行動計画）」が発表され，食品の安全性は外圧によっても脅かされるようになった．
17) 正田ほか前掲書，69ページ．
18) 同上，77ページ．
19) 同上，75～76ページ．
20) 同上，82～83ページ．
21) 丹宗昭信ほか編『現代経済法入門』（法律文化社，1981年）76ページ．
22) 農産物市場研究会編『自由化にゆらぐ米と食管制度』（筑波書房，1990年）終章（三島稿），271ページ．

第3章　規制緩和政策の展開と農業・農産物

1. 問題の経過と本章の課題

　日本農業に関連した市場問題の諸相と農業市場再編の現段階的性格を明らかにするうえで，規制緩和政策がもたらしている影響を無視するわけにはいかない．

　財政危機に端を発し1970年代から英米を席巻した新自由主義的改革は，わが国では80年代初頭以降，歳出削減と公企業の民営化をねらった臨調・行革路線となって現れ，さらに同年代末からは経済の活性化を掲げた規制緩和政策が前面に出てくるようになる．そこには，86年から開始されたウルグアイ・ラウンド交渉の中で，グローバルな自由通商主義の実現を旗印に，輸入自由化と規制緩和が強く迫られたという歴史的事実が存在する．93年12月のウルグアイ・ラウンド合意とその後のWTO体制の発足（1995年1月）は，グローバリズムに基づく規制緩和路線を決定的なものにした．そして，わが国はこうした外圧に加え，国内の「高コスト構造の是正」と経済の構造改革の観点からも，規制緩和を90年代の経済社会政策の基調に据えたのである．とくに93年末のいわゆる平岩リポート以降，規制緩和の本格的実施が政府部内で検討され，95年3月には村山内閣の下で初の「規制緩和推進計画」が策定された．この「計画」は，各省庁から具体的に規制緩和の実施項目を提出させ，一定の目標期間中にそれらの実現を迫るもので，続く橋本，小渕，森の各内閣の下でもこれは継続された．

農業および食料市場における規制緩和も，90年代半ばからスタートした上述の「規制緩和推進計画」の一部として取り組まれている．だが，農業については，規制緩和はもっと以前から進んでいる．それは，戦後の農業保護政策の支柱であった食糧管理制度の改廃と関係している．政府米による直接統制を旨とする食管制度に，規制緩和の最初のメスが入ったのは69年の自主流通制度の導入であり，70年代末からは，政府買入価格への品質格差の設定（79年），食管法改正（81年），米穀の流通改善措置大綱（85年），生産者米価の引下げ開始（87年），米流通改善大綱（88年），自主流通米価格形成機構設立（90年），食管法の廃止と食糧法の制定（94年）と，米の流通と価格形成に段階的に規制緩和と市場原理の導入がなされてきた[1]．とくに，異常円高のもとで米の内外価格差が拡大した80年代中頃以降，米流通の規制緩和が急テンポで進展した．こうした食管制度の規制緩和に雁行して，農産物価格支持制度全体の規制緩和（行政価格の抑制と市場原理の導入）も進んでいった．そして，93年のウルグアイ・ラウンド農業合意を契機に，日本政府は農産物価格政策の縮小再編に動き出し，90年代末には米，麦，大豆，牛乳，甘味資源などで陸続と「新たな政策」が打ち出されていく．「新たな政策」を貫く基調は，価格形成における市場原理の導入であり，農産物市場を対象とした規制緩和がその直接のねらいである．

　本章では，以上のような問題の経過を踏まえ，20世紀末（1980-90年代）におけるわが国の規制緩和政策の展開過程とその特徴をとらえるとともに，90年代とくにその後半期における農業と農産物をめぐる規制緩和の実像に迫ることを課題とする．ただし，80年代以降の農産物価格政策の縮小再編の過程とその政治経済的背景については，別稿で明らかにしたので[2]，本章では触れない．また，食料流通をめぐる規制緩和については，次章で詳しく展開しているので，本章での記述は必要最小限にとどめる．

第3章　規制緩和政策の展開と農業・農産物

表3-1　行政改革・規制緩和の動き（1980年代）

1981	3月	臨時行政調査会（第2臨調）設置［鈴木内閣］
	7月	臨調1次答申
1982	2月	臨調2次答申
	9月	行政改革大綱決定
1983	3月	臨調最終答申［中曽根内閣］
	5月	臨時行政改革推進審議会（第1次行革審）設置
1985	4月	NTT，日本たばこ発足
	7月	行革審，行政改革の推進方策に関する答申
1986	4月	前川リポート
1987	2月	第2次行革審設置
	4月	国鉄分割民営化しJR発足
1988	12月	行革審，公的規制緩和等に関する答申［竹下内閣］
	12月	規制緩和推進要綱，閣議決定
1989	4月	消費税（3%）徴収開始
	9月	日米構造協議開始［海部内閣］
	11月	行革審，公的規制の在り方に関する小委員会報告

資料：総務庁編『規制緩和白書』その他より作成．

2.　臨調・行革路線と規制緩和論[3]

(1)　公的規制緩和の提起

　1981年3月の臨時行政調査会の設置に始まる，いわゆる臨調・行革路線は，当初，財政抑制・効率化と公企業の民営化を重点課題としてきたが，1980年代中頃以降，次第に規制緩和（deregulation）を前面に立てるようになってきた．すなわち，一般経済活動の多くの分野で，従来の政府規制を緩和・撤廃し，民間の自由な活動に委ねることを，獲得目標にするようになったのである（80年代における行政改革・規制緩和の動きについては表3-1参照）．

　もっとも規制緩和に対する臨調サイドの提起は早く，すでに82年2月の第2次答申において，「許認可等の整理合理化」を打ち出していた．しかし，規制緩和について包括的な提起がなされたのは，85年7月の臨時行政改革推進審議会（第1次行革審）による「行政改革の推進方策に関する答申」においてであった．その後，87年2月に新発足した第2次行革審の中に規制緩和

に関する小委員会が設けられ，個別分野別に検討されていく．88年12月の「公的規制緩和等に関する答申」[4]はその成果である．この答申に先立つ同年3月には，経団連によって「規制緩和に関する要望（中間とりまとめ）」も提出されており，88年の行革審の答申は，財界の意向を受けた政府の「規制緩和」政策の当時における集大成とみることができる．現に政府はこの答申に沿って，間髪を入れず「規制緩和推進要綱」を閣議決定し，答申の指摘した7つの分野[5]ごとに当面の対策を打ち出していく．なお，答申の1年後には同じ行革審の「公的規制の在り方に関する小委員会報告」（89年11月）がなされ，規制緩和の推進状況と今後の課題等が示されるが，「規制緩和」の基本的考え方は，88年答申のそれがそのまま踏襲されている．そこで以下，88年の行革審答申（総論部分）の概略を紹介し，政府・財界による規制緩和論の基本的性格とそのねらいを明らかにするすべとしたい．

　a.「公的規制は，一般に，国や地方公共団体が企業・国民の活動に対して特定の政策目的の実現のために関与・介入するものを指す」と定義されるが，具体的には「許認可等の手段による規制」を典型とし，他に「規制的な行政指導」や「価格支持等の制度的な関与」などがその中に含められる．
　b. 公的規制は，その規制目的によって経済的規制と社会的規制に大別される．「経済的規制は，市場の自由な働きにゆだねておいたのでは，財・サービスの適切な供給や望ましい価格水準が確保されないおそれがある場合に，政府が，個々の産業への参入者の資格や数，設備投資の種類や量，生産数量や価格などを直接規制することによって，産業の健全な発展と消費者の利益を図ろうとするものである．自然独占の傾向を持つ公益事業等で，参入を制限して独占を認める代わりに供給義務を課したり料金を規制したりするのは，その典型例である．」「社会的規制は，例えば，消費者や労働者の安全・健康の確保，環境の保全，災害の防止等を目的として，商品・サービスの質やその提供に伴う各種の活動に一定の基準を設定したり，制限を加えたりする場合がこれに当たるのであって，経済的，社会的活動に伴って発生するおそれ

のあるマイナスの社会的副作用を最小限にとどめるとともに，国民の生命や財産を守り，公共の福祉の増進に寄与しようとするものである.」(後者の社会的規制については例が挙げられていないが，食品衛生法による食品添加物の規制などが典型であろう…筆者注).

c. 公的規制見直しの基本的視点としては，臨調・旧行革審答申を踏まえるとともに，経済構造調整の推進という観点から，以下を重視する．イ. 国民生活の質的向上のため，輸入の拡大を進めて内外の競争を促進するとともに，円高差益の一層の還元を図り，内外価格差の縮小と国内産業の生産性の向上や効率化を進める必要がある．この観点からの流通，物流や農産物等に係わる公的規制の見直し．ロ. 市場原理を基本とした産業構造の転換を推進していくため，民間の事業活動に対する行政介入を最小限にする．地方公共団体による規制についても，当該地域の円滑な事業活動を阻害することのないよう，過度のバラツキや行き過ぎがあるものについてはその是正を求める．ハ. 国際経済社会におけるわが国の地位を踏まえ，市場アクセスの改善を進める．国際化の進展に対応した，制度・仕組みの国際的な調和や整合性の確保に取り組む．(以下，略)

d. 公的規制見直しの具体的視点．イ. 社会経済情勢の変化や技術革新の進展等によりその政策的必要性が失われた規制は，廃止する．ロ. 企業・個人の自主性，自己責任の原則の徹底を図るとともに，その創意工夫，民間活力の最大限の発揮を図るため，原則自由・例外規制の立場から規制は最小限のものとし，原則として競争的産業においては，需給調整の視点からの参入規制は行わない．ハ. 市場メカニズムに制限を加えることにより供給量や価格の安定等を図ろうとする規制が必要な場合であっても，できるだけ市場原理を活用し，供給構造の変革を促進する．ニ. 規制を行う場合にあっては，基本的には，i)異常な事態や特に防止すべき行為に対する規制に限定し，通常は自由とする．ii)規制の内容・程度を規制の目的や効果に照らし必要な限度にとどめるとともに，規制方式について量的規制から質的規制への転換を図る．ホ. 本来安全保障等の社会的規制を目的としていたものであっても，既

得権益の保護や参入抑制の効果を有するものに変質している規制については，目的の妥当性と規制の有効性を改めて見直す．（以下，略）

(2) 経済構造調整と規制緩和

　前述したように，「公的規制緩和」は，88年の行革審による答申以前にも，「行政の簡素化・効率化」「許認可等の整理合理化」「公企業の民営化」などの形で提言され，80年代の臨調・行革路線の重要な柱として推進されてきた．そこには，公的部門の役割縮小，民間活力の発揮の名のもとに，大企業の自由な活動の場の拡大を図るねらいが隠されている．

　法制度として存在している公的規制の大半は，戦後復興期およびその後の高度経済成長期につくられ，国民生活と多くの関わりをもってきたものである．だが，日本経済の規模が世界のトップ・レベルに成長し，肥大化した資本が，一層の高蓄積を進めていくためには，従来の公的規制が妨げになっている面も生じてきている．そのため，財界による21世紀を展望した総合的で長期的な国家戦略である，臨調・行革路線の中で，公的規制の緩和・撤廃が重要課題として打ち出されてきたのである．

　だが，88年の行革審「規制緩和」答申では，財界による国内的視点からの要求に，さらに「経済構造調整」という国際的視点からの要請が加味されているのが特徴である．日本資本主義は，80年代に入り経常収支の黒字を顕著に拡大してきたが，その結果，対米貿易不均衡を中心とした経済摩擦が深刻化し，アメリカからの強い圧力の中で，政府は，85年7月に輸入の妨げになっている「基準・認証制度」の大幅緩和を内容としたアクション・プログラムを決定するとともに，86年4月には中曽根首相の私的諮問機関である「国際協調のための経済構造調整研究会」の報告書（いわゆる前川リポート）を急遽発表して，国際協調と内需拡大を軸とした経済構造調整政策をスタートさせた．

　前川リポートの政策基調は，「『国際的に開かれた日本』に向けて『原則自由，例外制限』という視点に立ち，市場原理を基本とする施策を行う．その

ため，市場アクセスの一層の改善と規制緩和の徹底的推進を図る」（同リポート）ところにある．明らかなように「規制緩和の徹底的推進」は，「市場アクセスの一層の改善」とともに，「国際協調型経済構造への変革」のための不可欠な施策に位置づけられている．これは，アメリカを中心とした外国の資本と商品に対して，わが国の国内市場を全面的に開放することをねらいに，諸種の公的規制と参入障壁の緩和・撤廃を図ることを内外に公約したものである．

先の「規制緩和」答申も，「経済構造調整」という80年代後半を規定する政策基調に強く組み込まれている．この点は，答申の「その後の我が国を巡る内外の諸情勢の変化は大きく，経済構造調整の推進が緊要な課題とされている現在，臨調・旧行革審の示す基本理念を踏まえつつ，改めて，公的規制の緩和に向けて改革方策の検討を進める必要がある」という指摘の中に，素直に表現されている．また，先に概略を紹介した答申の中からも，「経済構造調整」に対応した規制緩和の主張が，明瞭に窺われる．すなわち，市場アクセスの一層の改善，制度・仕組みの国際的調和，流通機能の効率化など，製品輸入の拡大に必要な環境を整備することによって，内外の競争を促進し，「相対的に生産性の低い第1次産業やサービス部門の生産性の向上を促進する」（答申）ことが，公的規制緩和のねらいの1つとなっているのである．もっとも市場開放の中で，「第1次産業やサービス部門の生産性の向上」が進むとは，当の行革審自体思っていないだろうから，これは事実上，「生産性の低い」農業や中小企業の切捨てと，これら製品の輸入依存体制の構築を意味している．

個別分野の規制緩和では，農業とともに流通業が当面の重点課題とされている．中でも「大規模小売店舗における小売業の事業活動の調整に関する法律」（大店法）による大型店の出店規制の撤廃が，強く求められている．アメリカは，早くも85年6月の日米貿易委員会の場において大店法の廃止を要求しているが，これは日本の小売業に対するアメリカ企業の参入と同国製品の輸入拡大を意図したものであった．だが，こうしたアメリカの要求は，中

小零細小売業者の保護の立場から，意に反して大型店の出店規制を強いられているわが国の小売大資本にとっては，まさに"渡りに船"であった．そのため，政府は米日の流通大資本の要求に答える形で，「90年代流通ビジョン」（89年6月，産業構造審議会答申）を取りまとめ，大店法の運用改善とその全面的改正の検討に入った．

　アメリカの圧力で取り上げられ，日本の大企業と政府が，「先取り」的に実施するという形での「規制緩和」は，90年6月に最終報告書が出された「日米構造協議」でそのピークを迎えた．日米構造協議は，89年夏に当時のブッシュ大統領が提起，その後，5回の協議を経てまとめられたものだが，その過程で示された内政干渉ともいえるアメリカ側の強圧と，これを唯々諾々と受け入れた日本側の対米従属性は，多くの人の記憶に残っている．この構造協議の中でも市場アクセスの改善と公的規制の緩和は，公共投資の増大とともに最大の焦点となり，日本側の大幅譲歩をもって決着した．この中には，大店法の骨抜き，借地・借家法の改正，輸入検査期間の短縮と検査の簡素化など，国民生活と中小零細企業を直撃する多くの規制緩和措置が含まれている．

　こうして，80年代中頃に開始された一連の規制緩和が，国内の農業・中小零細企業を犠牲に，諸外国とりわけアメリカの要求に沿って提起されていることは明らかだが，同時にわが国の大企業の立場からも，規制緩和が進み「原則自由・例外規制」の体制が実現することは，資本活動の自由化と投資の場の全面的拡大を意味するがゆえに大歓迎される．この点では，規制緩和をめぐる日米の大企業の利害は完全に一致するのである．

　前川リポートや行革審答申がいう，「規制緩和」と「市場原理を基本とする施策」とは表裏一体のものである．これは，国民生活の安定や安全，および消費者・農業・中小企業の保護のために，これまで政府や地方自治体が法令や行政指導を通じて行ってきた規制を緩和または撤廃し，日米の大企業が自由に振る舞うことのできる市場メカニズムに委ねることをねらいとしている．そうなれば，利益の上がる分野には当然，大企業が参入し，利益の上が

らないそれは切り捨てられ，国民生活のあらゆる分野が，直接，日米の大企業による搾取と収奪にさらされることになる．このように臨調・行革路線による規制緩和論は，経済構造調整政策の展開や日米構造協議の中で，反国民的性格を一層あらわにしてきたのである．

3. 1990年代における規制緩和政策の展開

(1) 細川連立政権の成立と平岩リポート

　バブル経済崩壊を契機とした不況の真っ只中で生まれた細川連立内閣（1993年8月成立）は，政権発足後直ちに景気回復のための緊急経済対策の策定に着手した．対策は同年9月にまとまったが，その第1の柱となったのが規制緩和である．規制緩和の目的としては，内需拡大と輸入促進，および経済の活性化が掲げられ，分野ごとに具体策が提示された（90年代における行政改革・規制緩和の動きについては表3-2を参照）．

　社会党を含む連立内閣の経済政策の1つの柱が，弱者に大きな犠牲を強いる規制緩和であることは，この内閣の本質を示すものといえるが，この点は，93年11月に細川首相の私的諮問機関である経済改革研究会（座長・平岩外四経団連会長）が，「規制緩和について（中間報告）」と題する，いわゆる平岩リポートを公表したことによって一層明らかになる（同年12月に最終報告）．リポートでは公的規制を「経済的規制」と「社会的規制」に分け，経済的規制に関しては「原則自由・例外規制」とする方向を打ち出した．また，社会的規制についても「経済的規制」の機能をもつものがあるとして，これを「必要最小限に縮小する」との考えを示した．そのうえで当面の規制緩和の重点として，土地・住宅分野，流通等非効率産業分野，農業分野，輸入関連分野，情報・通信分野等を挙げた．

　「経済的規制」と「社会的規制」の区別や，「経済的規制」に関する「原則自由・例外規制」の考え方は，前節で紹介した88年の行革審答申によってすでに示されている．また，93年10月に第3次行革審の最終答申が出され

表3-2 行政改革・規制緩和の動き（1990年代）

年	月	事項
1990	4月	第2次行革審最終報告
	10月	第3次行革審設置［海部内閣］
	6月	日米構造協議最終報告
1991	7月	行革審1次答申
1992	6月	行革審3次答申［宮沢内閣］
1993	10月	緊急経済対策，閣議決定［細川内閣］
	10月	行革審最終答申
	11月	平岩リポート中間報告（12月に最終報告）
1994	2月	行政改革大綱，閣議決定
	7月	規制緩和推進大綱，閣議決定［村山内閣］
	11月	経団連，日経連など規制緩和に関する要望書提出
	12月	総理府に行政改革委員会（行革委）設置
1995	3月	規制緩和推進計画（5カ年計画）閣議決定
	4月	同上計画の3カ年前倒し実施決定
	10月	経団連提言「規制緩和推進計画の改定に望む」
	12月	行革委，規制緩和の推進に関する意見（第1次）
	12月	構造改革のための経済社会計画，閣議決定
1996	3月	規制緩和推進計画（改定），閣議決定
	12月	行革委，規制緩和の推進に関する意見（第2次）［橋本内閣］
1997	1月	橋本首相「6大改革」表明
	3月	規制緩和推進計画（再改定）
	4月	消費税5%実施
	11月	財政構造改革法成立
	12月	行革委，最終意見
1998	1月	行政改革推進本部および規制緩和委員会，設置
	3月	規制緩和推進3カ年計画，閣議決定
	4月	OECD「規制改革・対日レビュー報告書」
	6月	中央省庁等改革基本法成立
	7月	参議院選挙で自民党大敗［小渕内閣発足］
	10月	米国・EU，日本政府に規制緩和要望書提出
	12月	規制緩和委員会「規制緩和についての第1次見解」
1999	2月	経済戦略会議答申「日本経済再生への戦略」
	3月	規制緩和推進3カ年計画（改定）
	4月	規制緩和委員会は規制改革委員会に名称変更
	7月	規制改革委員会「規制改革に関する論点公開」

資料：総務庁編『規制緩和白書』その他より作成．

たが，同答申の「III 規制緩和の推進」も，平岩リポートとほぼ同趣旨のものであった．

平岩リポートで注目されることは，規制緩和が「消費者の利益」という視

点からも主張されていることである．この視点の前提には，規制緩和の結果生ずる競争が生産性の引上げと価格の低下をもたらすという，新古典派経済学の理論とこれを基礎にした新自由主義の思想が存在している．

ともあれ，非自民の細川内閣の誕生を契機に，規制緩和は経済社会政策の前面に出てくるのであるが，その背景は奈辺にあったのか．その後の規制緩和政策の展開をトレースする前に，まずこの点に論及しておきたい．

(2) 規制緩和をめぐる90年代の条件変化

規制緩和政策は，前節で述べたように，行財政改革を目的に81年に設立された「第2臨調」以来，次第にわが国の経済政策の前面に出てきたものであるが，80年代においては国鉄など3公社の民営化を除いて，規制緩和の進展は遅々たるものであった．その理由は2つ考えられる．1つは，戦後日本の資本主義は，一部で「日本株式会社」「護送船団」と呼ばれているように，企業保護を目的とした政府の財政金融政策と行政指導，および価格規制，貿易制限，新規参入制限などの各種の規制によって維持されてきたが，こうした体質を変えるだけの政治経済的条件が，80年代までの日本には全体として存在しなかったことである．2つは，政権党である自民党はこれまで農民や都市自営業者などの旧型中間層を有力な地盤としていたが，競争力の弱いこうした層を維持する手段として，各種の保護政策や参入規制が実施されてきたことである．

ところが，90年代に入ってこれらの条件は大きく変わる．第1に，80年代中頃から日本の海外投資が急増し，90年代初めには累積額でアメリカに次ぐ資本輸出大国になったことである．そうした中でも商品輸出の増進は衰えず，90年代初頭の日本資本主義は，多国籍企業段階ともいえる帝国主義の新たな段階に突入していった[6]．また，商品と資本の輸出先である世界市場では，超絶的な帝国主義国であるアメリカに主導された自由通商体制のグローバル化がすすみ，国家間相互の市場開放が国際的な強制装置（ウルグアイ・ラウンド協議とその後のWTO協定）を伴って進行している．こうした

内外情勢の変化の結果，商品貿易と投資の自由化を含む規制緩和の強力な展開を通じた，日本資本主義の構造改革が強く迫られるようになった．かくて，規制緩和は日本が世界市場で生き残るための必要不可欠な課題となったのである．

　第2に，日本の経済成長と産業構造の変化の中で，農民や都市自営業者の減少が続く一方で，管理・技術者，ホワイトカラーなど新中間層と呼ばれる層が就業人口の多くを占めるようになったことである．もっとも，こうした動きは高度経済成長が始まった1950年代中頃から一貫した傾向であった．規制緩和政策との絡みで重要な変化は，80年代における政治の保守化傾向と労働戦線の右より再編に連動する形で，自民党の地盤が農民・都市自営業者層，すなわち旧型中間層から，前述の新中間層へと移動してきたことである．この結果自民党は，旧型中間層の利益を図る保護政策や参入規制を縮減し，代わって新中間層や最大のマジョリティである消費者の利益を優先した政策へと，政治路線の切り換えを図っていった．輸入自由化と規制緩和がこれである．

　90年代に入り，規制緩和政策と結び付いた「消費者主権」論，「生活者主権」論が支配層を含めて主張されるようになった．これは，輸入自由化の一層の進展による食料品価格の低下，農産物価格支持制度の廃止による農産物価格の低下，規制緩和（量販店の出店規制の撤廃など）と競争による生活用品価格の低下など，その大半は価格低下による消費者利益の増大を含意したものであった．こうした変化を念頭に置くならば，平岩リポートが規制緩和の名目に「消費者の利益」を上げた意図が容易に理解されるであろう．

　しかしながら，規制緩和は農民・都市自営業者に深刻なダメージを与えるものであり，この階層を地盤とする自民党が政権党に居座り続けるかぎり，事はスムーズに進まない．93年夏に自民党に代わって生まれた細川連立政権の中枢に座ったのは，小沢一郎に代表される新自由主義者であり，彼らによって規制緩和政策は初めて経済社会政策の最前線に据えられるようになったのである．もっとも非自民の連立政権は，成立後1年もたたずに解体し，

その後,再び自民党が主導する連立政権へと移行していくが,細川内閣によって路線の敷かれた規制緩和政策は,それが多国籍化した日本の大企業と,日本市場へのより一層の参入を求めるアメリカの強い要請であるがゆえに,その後も日本政府の政策基調として維持されるだけでなく,むしろ強化されて展開されていくのである.次にその過程をみよう.

(3) 村山内閣による「規制緩和推進計画」の開始

94年6月の羽田内閣の崩壊を受け,社会党委員長を首班として自社等連立で成立した村山内閣は,発足後直ちに非自民内閣が路線を敷いた「規制緩和推進大綱」を閣議決定し(同年7月),各省庁に対して年内を目途に所管行政に係わる規制の見直し項目の提出を指示した.そして,これら各省庁から出された項目を整理・集約し,翌95年3月に「規制緩和推進計画」を閣議決定した.これは,イ.住宅・土地等,ロ.情報・通信,ハ.流通等,ニ.基準・認証・輸入等,ホ.金融・証券・保険,など11分野,1,091項目に及ぶ膨大かつ体系的なもので,細川内閣の発足以来,加速された規制緩和政策は,村山内閣において具体的な実施段階に入ったのである.なお,この「規制緩和推進計画」は当初は5カ年の計画であったが,同年4月に決定された「緊急円高・経済対策」により3カ年計画として前倒し実施されることになった.

政府による規制緩和推進計画の策定にあたって,財界の総本山である経団連は時宜を得た提言を行い,大きな影響力を行使している.経団連はまず,細川内閣が誕生した直後の93年9月に30項目からなる「規制緩和等に関する緊急提言」を行った.また,94年5月には羽田首相に対し「規制緩和の断行を求める」意見書を提出した.これには土地,住宅,情報・通信,流通,農業など7分野,196項目が含まれている.さらに,前述の政府による「規制緩和推進計画」がスタートした半年後の95年10月に,経団連は17分野588項目からなる「規制緩和推進計画の改定に望む」と題する提言を行っている.この提言は,経団連の会員企業に対するアンケートを踏まえたものだが,その総論部分で,経済的規制は次の3点を原則に実施すべきとしている.

a. 需給調整の観点から行われている参入規制，設備規制等の新増設規制は速やかに廃止する．
　b. 輸入規制は原則として廃止する．国際協定において期限が定められているものについては，その終了をもって廃止する．
　c. 価格規制は廃止を基本とする．規制を課すものは公共性の高い必要最小限の商品・サービスに限定し，規制の方法として幅価格制，上限価格制等を導入する．

　このように経済的規制を，イ．需給調整的規制，ロ．輸入規制，ハ．価格規制の3点に整理し，そのすべてについて廃止の方向での検討を求めている．提言では，この方向に沿って，14分野，588項目にわたる規制緩和を要望しているが，これらについては政府の規制緩和推進計画に順次取り入れられていくのである．

　ところで，村山内閣は，95年12月に戦後13回目の長期計画である「構造改革のための経済社会計画」（計画期間1996-2000年）を決定した．この中で注目されるのは，経済活動のボーダーレス化，メガコンペティション（大競争時代）の到来などグローバリゼーションの進展に対応して，「内外に開かれた経済社会，制度，仕組みの国際的調和」を実現することを，「政策運営の基本方向」の1つとしたことである．そして，これを達成するための「構造改革」の柱として「規制緩和」と「高コスト構造の是正」を挙げた．

　この長期計画の策定・公表と前後して，前述の行政改革委員会（委員長・飯田庸太郎三菱重工業相談役）規制緩和小委員会は「光り輝く国をめざして」との副題を掲げた「規制緩和の推進に関する意見（第1次）」を政府に提出した．この中で委員会は，規制緩和による構造改革の必要性を力説し，「今回の構造改革は明治維新や第2次大戦後の改革に匹敵する」とまで言い切っている．また，同委員会が96年12月に提出した「第2次意見」の中では，「経済社会システムの徹底的な見直しを通じ，経済全体の効率化を図らなければ，将来の成長はあり得ない」と述べている．

　このように93年末の平岩レポートを嚆矢に規制緩和のトーンが一段と高

まり，その過程で日本経済の「構造改革」の手段として規制緩和を位置づける方向が強まってきた．その要因の1つとして，90年に1ドル140円台であった円相場が，93年に入って急上昇し，94年夏には瞬間的に80円を切る高騰が進んだこと，またこうした円高をテコに生産の海外移転が加速していったことを挙げることができる．すなわち，この時点から，内需拡大の手段としての規制緩和から，国際競争力を維持するための「高コスト是正，コスト削減の手段」としての規制緩和へと軸足が移っていったのである[5]．

(4)　「橋本6大改革」と「規制緩和3カ年計画」

「規制緩和推進計画」をスタートさせた村山首相は96年1月に退陣し，代わって自民党の橋本龍太郎を首班とする新内閣が生まれた．この内閣の下で「規制緩和推進計画」は改定され（96年3月），さらに1年後の97年3月には教育分野が追加されて，全部で12分野2,823項目の膨大なものになった．村山内閣の下で95年度から3カ年計画でスタートした「規制緩和推進計画」は，その最終年度である97年度には実施項目数からみても2.6倍に拡大したわけだが，そこには橋本首相が97年1月に表明した「6大改革」の指示が色濃く反映されている．

いわゆる「橋本6大改革」とは，経済構造改革，財政構造改革，行政改革，金融制度改革，社会保障制度改革，教育改革の6つで，これらは長期不況と財政危機，金融破綻など90年代に土台の揺らぎ始めた戦後国家独占資本主義の立て直しを図る，財界・政府・自民党の総力を挙げての「21世紀戦略」である．規制緩和を通じた構造改革は，この「6大改革」を貫く太い糸であった．ここでは，これまで公的規制の強かった保健，医療，福祉，教育の分野までもが，資本の利潤追求の場に再編されようとしている．

いずれにしても，前述の3カ年計画は政府・自民党の思惑どおりの大きな成果を挙げて終了し，98年3月に新たに98-2000年度を実施期間とする「規制緩和3カ年計画」（以下，「新3カ年計画」）が，同じ橋本内閣のもとで決定された．「新3カ年計画」では，旧計画の12分野に「競争政策」「医療・福祉」

「法務」の3つの分野を新たに加え計15分野になったが，項目数は624に減少した．これには旧計画でかなりの項目が実施されたという事情もあると思われる．

ところで，旧計画の2度にわたる改定において大きな役割を果たしたのが，行政改革委員会（以下，行革委）である．これは第3次行革審の廃止を受け，94年12月に総理府に設置された5人委員会（委員長・飯田庸太郎三菱重工業相談役）であり，政府による行政改革の実施状況の監視と調査審議を主な任務としており，設立当初から規制緩和を最重要・最優先の課題として位置づけ活動してきた．規制緩和の具体的項目選定の作業は，行革委の下に置かれた規制緩和小委員会（座長・宮内義彦オリックス社長）が総務庁ほか関係各省庁の支援を得て実施した．同委員会は95年12月と96年12月に内閣総理大臣に対して「規制緩和の推進に関する意見」を提出したが，これらは旧計画の改定，再改定に大きな影響を与えた．

行革委は3年の時限付き委員会であったため，97年12月に「最終意見」を総理大臣に提出し解散したが，その中で(イ)98年度以降について新たな3カ年計画を策定すること，(ロ)規制緩和推進のため民間人主体の委員会を早急に設置すること，などを提言した．これを受け政府は，年が明けた98年1月に総理大臣を本部長とする行政改革推進本部を設け，その下に民間人を中心とする規制緩和委員会を設置した（委員長は宮内氏が継続）．規制緩和委員会の最初の仕事は，前述の「新3カ年計画」の策定であった．さらに，計画に盛られた各事項の推進状況の監視と新たな課題への取組のため，委員会の下に18のワーキング・グループがつくられ作業が開始された．ここに，総理大臣を責任者とする政府・民間一体の強力な規制緩和推進体制が出来上がったのである．

(5) 樋口リポートと「3カ年計画」の改定

如上の規制緩和委員会が活動中の98年7月の参議院選挙で自民党が大敗し，橋本首相が責任をとって退陣，新たに小渕内閣が誕生した．同内閣が橋本内

閣の規制緩和路線を引き継いだのは当然だが，小渕内閣としての特色を出すために，首相の私的諮問機関としてアサヒビールの樋口会長を委員長とする「経済戦略会議」を設け，新政策の方向を検討させた．同会議は99年2月に答申（樋口リポートと通称）を出したが，その中で次のような指摘を行っている．

「規制・保護や横並び体質・護送船団方式に象徴される過度に平等・公平を重んじる日本型社会システムが公的部門の肥大化・非効率化や資源配分の歪みをもたらしている．このため，公的部門を抜本的に改革するとともに，市場原理を最大限働かせることを通じて，民間の資本・労働・土地等あらゆる生産要素の有効利用と最適配分を実現させる新しいシステムを構築することが必要である．」[8]「これまでの日本社会にみられた」頑張っても，頑張らなくても，結果はそれほど変わらない」護送船団的な状況が続くならば，いわゆる「モラル・ハザード」（生活保障があるために怠惰になったり，資源を浪費する行動）が社会全体に蔓延し，経済活力の停滞が続くことは避けられない．……いまこそ過度な規制・保護をベースとした行き過ぎた平等社会に決別し，個々人の自己責任と自助努力をベースとし，民間の自由な発想と活動を喚起することこそが極めて重要である．」[9]

これは「護送船団方式」や「モラル・ハザード」を理由に，福祉など公的部門の縮小と規制緩和を大胆に進めることを求めたものであり，国民に対しては「自己責任」と「自助努力」を要求するものになっている．もっともリポートは，「「小さな政府」型のセーフティ・ネットが必要」[10]とも言っているが，これは市場原理社会の恥部を覆い隠す"イチジクの葉"に過ぎない．

ところで，98年1月に活動を開始した規制緩和委員会は，同年12月にワーキング・グループにおける作業結果をまとめ「規制緩和についての第1次見解」を発表した．そして，ここに書き込まれた基本的視点と行政分野別の緩和項目の大部分は，小渕内閣の下で99年3月に決定された「規制緩和推進3カ年計画（改定）」（以下，「改定3カ年計画」）に盛り込まれることになったが，前文に書かれている「目的」は「新3カ年計画」のそれと一字一句違っ

ていない．こうである．

「我が国経済社会の抜本的な構造改革を図り，国際的に開かれ，自己責任原則と市場原理に立つ自由で公正な経済社会としていくとともに，行政の在り方について，いわゆる事前規制型の行政から事後チェック型の行政に転換していくことを基本とする．このため，①経済的規制は原則自由，社会的規制は必要最小限との原則の下，規制の撤廃又はより緩やかな規制への移行，②検査の民間移行等規制方法の合理化，③規制内容の明確化，簡素化，④規制の国際的整合化，⑤規制関連手続の迅速化，⑥規制制定手続の透明化を重視（以下，略）」

だが，「改定3カ年計画」では，前文に続く部分で新たな視点を追加している．とりあえず2点指摘しよう．

第1は「事業参入規制の見直し」が民生部門等にまで広げられたことである．「新3カ年計画」では，「各種参入規制を緩和・撤廃，国際的整合化等の方向で見直しを行う．その際，外国事業者・外国製品等の我が国市場への参入阻害要素の除去という観点を重視する．特に，需給調整規制については，撤廃の方向で見直すとともに，設備規制，料金規制などについても見直しを行う」としていた．「改定3カ年計画」もこの方向をそのまま受け継いでいるが，さらに「これまで法人の形態によっては参入が厳しく制限されていた分野において，営利法人等による新規参入を促進し，競争を通じたサービス向上とコスト低下を図るため，原則自由・例外禁止の方向に向けた検討を進める」との一文が加えられた．これは，病院，老人ホーム，保育所，学校などの民生部門，その他これまで国や地方自治体の手によって行われてきた公共部門の経営を民間資本に開放することを含意している．その結果，利益の上がる部門には新規参入がなされるであろうが，そうでない部門には投資がなされない．受益者の側からみても，良いサービスを受けるにはお金がかかり，低所得者など弱者はこれを受けられない．樋口リポートが指摘した「モラル・ハザード」を理由にした民生部門縮小の方向は，「新3カ年計画」の中で具体的な検討が開始されたのである．規制緩和論は，ついに福祉国家の

中枢部分にまで，利潤を求める資本の手に委ねることになった．これは「公共の福祉を維持する」という日本国憲法の精神自体を放擲するものである．

　第2は，これまで規制緩和という用語によって進めてきた取組を，今後は「規制改革」いう視点で一層強化していくことを打ち出したことである．これはOECD事務局が，97年5月に「規制制度改革に関する報告書」をまとめ，その中で「規制改革」という用語を用いたことを受けたもので，日本では98年12月の行政改革推進本部規制緩和委員会による「規制緩和についての第1次見解」でこの用語が初めて用いられた．こうして，99年4月に「規制緩和委員会」は「規制改革委員会」へと名称変更された．

　「改定3カ年計画」では，「規制改革」という「視点」について，「規制緩和の推進に併せて市場機能をより発揮するための……競争政策の積極的展開に加え，さらに事前規制型の行政から事後チェック型の行政に転換していくことに伴う新たなルールの創設や，自己責任原則の確立に資する情報公開及び消費者のための必要なシステムづくりなどにも，規制の緩和や撤廃と一体として取り組んでいくことが重要になっていることに配意する」と述べている．これは日本の経済社会を市場原理を徹底する方向で再編し，これまでの行政による規制を抜本的に改革することを含意している[11]．

　以上みてきたように，規制緩和政策は，90年代に入ってその目的と内容を少しずつ変えながらわが国の経済社会政策の基調になっていくが，その特徴は次の3点にまとめられる．第1は，「経済的規制は原則自由，社会的規制は必要最小限」という，88年の第2次行革審答申で初めて打ち出し，93年の平岩リポートで再確認された規制緩和の基本原則が，その後も一貫して墨守されていることである．第2に，90年代中葉から経済社会の構造改革の推進力として，大胆な規制緩和と市場原理の導入が前面に出てきたことである．第3に，樋口リポート以降，国民の自己責任，自助努力を強調する一方で，最小限のセーフティ・ネットの整備が言われるようになったことである．

　規制緩和をめぐる以上の全体動向を踏まえ，次節では，農業と食料市場に係わる規制緩和政策の展開とその特徴について，時期を追ってみておこう．

4. 農業と農産物に係わる規制緩和政策の展開

(1) 財界と食品工業の規制緩和要求

　財界が，農業と食料市場に係わる規制緩和の要求を強めていったのは，やはり93年末の平岩リポート以降である．前述のごとく経団連は94年5月，政府に対して「規制緩和の断行を求める」意見書を提出したが，この直前に「農業・食品産業関連の規制緩和を求める」提言も行っている．その内実は，93年12月のウルグアイ・ラウンド合意を踏まえた，食品関連資本の立場からの規制緩和要求である．だが，それをカモフラージュするために，産業として自立し得る農業の確立，内外価格差の是正など，農業者・消費者の視点も掲げている．

　提言は大きくは，「食管制度の見直し」と「食品工業の原料問題の改善」に分かれるが，前者では，「平成コメ騒動」によって世間の注目を集めた米管理の見直しを射程に入れて，イ．選択的減反の導入，ロ．生産者の直接販売の拡充，ハ．農業生産法人構成要件の一層の緩和，ニ．米穀種子販売規制の廃止[12]，ホ．米穀流通規制の緩和，ヘ．自主流通米価格形成の場の改善，を提言している．

　後者の「食品工業の原料問題の改善」では，ウルグアイ・ラウンド合意で今後，食品の輸入が増大し，国内の食品工業の空洞化が進展するとの危機感から，各種の価格支持政策と関税割当制度の見直しを求めている．そのねらいが，低価格の原料調達による食品工業の競争力強化にあることは明らかである．具体的には，小麦，乳製品，でん粉の支持価格の引下げ，粗糖輸入調整金の圧縮，乳調整品の混合比率の緩和，などを要求しているが，この中身については後ほど触れる．

　村山内閣の下で，経団連が規制緩和に関して19分野456項目にわたる要望書を提出（94年11月）したことは前述したが，この中では食料・農産物市場に係わる要求も目白押しである．このうち農業分野の規制緩和の項目をみて

みると，如上の「農業・食品産業関連の規制緩和を求める」提言と大部分重複しているが，農産物価格政策および貿易政策に関する要求は，食品工業の原料問題を踏まえ，次のごとくより具体化してきている．

イ．米穀の政府買入価格・売渡価格の引下げ，ロ．小麦の政府買入価格・売渡価格の引下げ，現行のコストプール方式による価格決定のあり方の根本的見直し，ハ．加工原料乳の政府支持価格の引下げ（基準取引価格については，毎年1kg当たり3円程度の計画的・段階的引下げ），ニ．でん粉の政府支持価格の引下げ，無税とうもろこし枠の拡大，ホ．粗糖輸入に係わる調整金の圧縮等（輸入粗糖の瞬間タッチによる売戻し価格の引下げ，最低生産者価格・国内産糖合理化目標価格の引下げ，粗糖関税の大幅引下げ），ヘ．無糖ココア調整品の関税割当枠（無税）の拡大，国産粉乳抱合せ比率の引下げ，ト．乳調整品の混合比率の緩和，関税の引下げ（現行の乳混合比率30％未満の緩和と25〜35％の現行関税率の引下げ），チ．国産ビール大麦の実質的な抱合せ引取り義務の廃止，外国産麦芽の関税割当制の廃止と関税無税化[13]．

食品流通分野では，大店法（大規模店舗における小売業の事業活動の調整に関する法律），食品衛生法，酒税法などの見直しが求められた．この中身については後述の経団連提言で触れる．

この時点での財界の規制緩和要求は，食管制度の見直しとともに食品工業が用いる原料農産物価格の引下げに関したことに集中している．後者は各種の輸入規制と農産物価格支持制度の見直しに通じるが，これらが実施されると国内農業はかなりの影響を受けることになる．しかし，財界の要求はウルグアイ・ラウンドによる国際約束を踏まえたものが多く，政府としても実施に向けての検討に入った．

95年4月に村山内閣の下で開始された「規制緩和推進計画」に対し，経団連は「規制緩和推進計画の改定に望む」と題する提言（95年10月）を行ったことは前述したが，この中で食品工業と食品流通分野に係わるものを列挙すると次のごとくである．これまでの提言と重複する部分も多いが，食管法が廃止された時点（95年秋）における財界の要求を知るために，繁雑ではある

が全項目を挙げておこう．

a. 食品工業分野

イ．政府支持価格の引下げ（小麦，でん粉，乳製品，砂糖など），ロ．関税引下げ等（脱脂粉乳，乳調整品，加糖ココア調整品，ナッツ類など），ハ．関税割当ての拡大（調整食用油脂など），ニ．原料輸入に係わる国内農産物との抱合せの緩和（コーンスターチ原料用とうもろこし＋国産でん粉，外国産麦芽＋国産ビール大麦，粗留アルコール＋切干しかんしょ），ホ．乳業施設の新増設規制の見直し，ヘ．食鳥検査制度の見直し．

b. 食品流通分野

イ．大店法の見直し（大規模小売店舗の出店規制の廃止），ロ．食品衛生法上の営業許可に係わる申請手数料の見直し，営業許可有効期間の延長，ハ．酒税法による酒類販売業免許の要件緩和．

なお，経団連は，新農業基本法の検討が行われていた97年9月にも，政府に提言を行っている．その多くは価格政策に関するものだが（価格支持制度については「5年程度を目途に，原則廃止」を求める），新たにイ．株式会社による農地取得の解除と，ロ．農協全国連を独禁法適用除外の対象から除くことを要望していることが注目される．

以上の財界（経団連）による農業と食品産業・流通分野に対する規制緩和要求に，政府がどのように対応していったか，以下でみておこう．

(2) 「規制緩和推進計画」と行政改革委員会「意見」

前述のように政府は95年3月に「規制緩和推進5カ年計画」を閣議決定したが，計画の策定過程では民間人で構成する規制緩和検討委員会（座長・園田官房長官）を設けて具体的な検討を行った．同委員会は，95年2月に行政改革推進本部（本部長・村山首相）に意見報告書を提出したが，農業分野に係わるものを列挙すると，首都圏農地の大幅な都市的利用への転換を求めている以外では，食管制度と農産物価格支持制度に関連したもので，その大部分が占められている．このうち食管制度関連では，先の経団連の要求項目を

そのまま取り入れているが,「米麦輸入で世界的実績のある外資系専門商社の輸入と,原料として米を使用する製造業者との間の直接購入を認めるべき」とする項目が新たに加わったことが目を引く。これが,アメリカや穀物メジャーの要求に対応したものであることは明らかである.

農産物価格支持制度関連でも,経団連の品目別・業態別の要求項目をほとんど組み込んでいる.そのうえで,農産物価格支持制度自体に対しては,「将来的に廃止を含む見直しをすべきであり,当面は支持価格水準を段階的に引き下げるとともに,輸入業者の規制緩和をすべき」としている.また,加工原料乳の不足払い制度と小麦のコストプール方式についても見直しを求めている.

規制緩和検討委員会から出された農林水産省関係の検討項目は116に上るが,同省では,米流通の規制緩和,市街化区域内農地の転用手続きの簡素化,食品・動植物の輸入手続きの簡素化・迅速化,米麦の外資系商社の新規参入,などについては認める一方で,イ.農産物価格支持制度の撤廃,ロ.米の出荷取扱業者の生産調整義務の撤廃,ハ.農地転用手続きの許可制から届出制への移行,ニ.農業生産法人の構成要件の緩和などについては,「措置困難」として「規制緩和推進5カ年計画」の項目から外している.この時点では,同省にはまだ,財界の全面的規制緩和要求に対する抵抗の姿勢があったといえる.

前述のように「規制緩和推進5カ年計画」は「3カ年計画」に前倒しされスタートしたが,その実施状況を監視する行政改革委員会の規制緩和小委員会は,二度にわたって「規制緩和に関する意見」を提出した.「第1次意見」(95年12月)の中で農業分野に係わる項目は,イ.農産物価格支持制度の撤廃,ロ.農業経営形態(農業生産法人の構成要件の緩和),ハ.新食糧法における競争原理の導入,の3つである.これらはハを除いて,農林水産省が当面は「措置困難」としたものであるが,委員会は再度の検討を求めたのである.「第2次意見」(96年12月)では,「農水産物」「農業生産資材」「競争政策」の3つの分野にまたがって,農業関連の検討項目が指摘されている.そ

のうち「農水産物」に関しては，次のようにきわめて具体的な項目を提示し，政府に実現を迫っている．

　a. 生乳における指定生産者団体制度（1県1指定）は，生乳の一元集荷によって乳代がプールされ，生産者の意欲が十分に報われず，自由な価格形成を阻害している．そのため，品質の高い生乳で差別化を図ろうとする生産者団体も指定団体に加える一方で，指定団体の広域化を行い，加入は各生産者に任せるべきである[14]．

　b. 乳業施設の新増設規制は，乳業メーカーの生産合理化や新規参入，生産者自らの製品開発の支障になっているので廃止する[15]．

　c. 繭糸価格安定法に基づく生糸の価格安定制度と事業団の国産糸売買操作業務を廃止し，繭検定と生糸検査については任意制度に移行する[16]．

　d. 内外麦コストプール方式，および麦政策全般の見直しを行う（価格支持に代わる国内産麦生産振興とそれに伴う費用負担のあり方も検討）[17]．

「農業生産資材」に関しても，イ．畜舎に適用されている建築基準法について，コスト低減の関連からの見直し，ロ．特許権の存続期間（出願日から20年）が終了した農薬（いわゆる後発品）の登録申請の簡素化，を求めている．

さらに「競争政策」の中で，「農協など各種組合等に対する独占禁止法適用除外カルテル等制度の見直し」が提言されているが，これは共同販売，共同購買に基礎をおく農協事業の根本に係わる内容をもっている．

なお，行革委は97年12月に3年間にわたる活動を終え，橋本首相に「最終意見」を提出しているが，農業分野に関しては次のような視点で検討を進めてきたとしている．「①農業が魅力ある産業として成長し，若い担い手が参入するにはどうすればよいか．②意欲ある農業従事者が，創意工夫を十分に発揮し得るにはどうしたらよいか．③生産者と消費者の選択が最大限生かされるには，どのような生産・流通・販売の体制が望ましいか．④農業の成長を期待するのみならず，農業関連製造業の空洞化を回避するにはどうすればよいか．」

この文面をみるかぎり反対する理由は1つもない．事実，乳業施設の新増設規制の撤廃，畜舎に適用されている建築基準法の見直しなど，すでにその目的を終えた規制の見直しや農業の活性化に通じる意見も散見される．だが，行革委の農業分野に係わる「意見」を全体としてみるならば，農業への競争原理の導入や農業関連産業への配慮が強調され，農業保護のための各種規制や農協制度に関してはきわめて冷淡といえる．

(3) 株式会社の農地取得と農業生産法人制度の規制緩和

98年3月，橋本内閣の下で2000年度までの3カ年を対象とした「規制緩和推進3カ年計画」(「新3カ年計画」)が決定されたことは前述したが，同「計画」では，「流通関係」の中の「農産物等」の部分に，農業と食料市場に関係した項目がある．

イ．米穀小売業に係わる規制緩和（通信販売による米小売が可能となる方向での現行の「売り場要件」の見直し，登録小売業者の標識の多様化），ロ．麦の価格政策等（「新たな麦政策」の決定と具体化），ハ．農業生産資材等（特許切れ農薬登録制度の見直し，農機具型式検査方法および基準の見直し・手続きの簡素化など），ニ．農業生産法人制度等の見直し（株式会社の農業経営への参入の検討），ホ．農業倉庫業の認可等（農業倉庫業法による規制の見直し）．

「新3カ年計画」は，これ以外にも農業と食料市場の規制を改革する方向を打ち出したが，もっとも注目されるのは如上のニ．農業生産法人制度等の見直し（株式会社の農業経営への参入の検討）である．「新3カ年計画」は，これまで「聖域」とされていた医療・福祉の分野で初めて民間企業の参入にゴーサインを出したが，農業分野でもこれまで農地法によって禁止されていた株式会社の農地取得と，農業への参入が迫られるようになったのである．

株式会社による農地取得と農業参入が表立って議論されるようになったのは，97年4月の食料・農業・農村基本問題調査会の設置以降である．新農業基本法の骨格の策定を目指した調査会は，農業の幅広い担い手確保の一手段

として法人経営の育成を課題に掲げ，株式会社の農業参入の是非についても活発な議論を行った．そして，約1年半の議論を経て98年9月に提出された答申では，より自由で活力ある法人経営を育成するため，農業生産法人の事業・構成員等に関する要件を見直すとともに，株式会社が農地を取得し，土地利用型農業に参入することについては，地縁的な関係をベースにし，耕作者が主体である農業生産法人の一形態としてであって，かつ投機的な農地の取得や地域社会とのつながりを乱す懸念を払拭するに足る実効性のある措置を講ずることができるのであれば，「株式会社が土地利用型農業の経営形態の1つとなる途を開くこととすることが考えられる」とした．株式会社の農地取得をめぐっては調査会内部に対立があり，答申は両論を併記したうえで結論的にこれを認める方向を打ち出したのである．そこでは，調査会の議論が進行していた98年3月に閣議決定された「新3カ年計画」が，前述のように「株式会社の農業経営への参入の検討」を求めたことが，隠然たる圧力となっているように窺える．

こうして農業生産法人制度の見直しと株式会社の農地取得の検討は政府内部に移され，98年12月の農政改革大綱では，農業生産法人の事業要件，構成員要件，業務執行役員要件について，次のような見直し方向を示した．

a. 事業要件　経営の多角化を通じた経営発展，雇用労働力の周年就労の確保，経営の安定等に資するよう，事業の範囲を拡大する．ただし，主たる事業が農業（関連事業を含む）であることを確保する．

b. 構成員要件　食品流通・加工業等との資本提携や生協等の消費者グループなどからの出資を可能とするため，農業者以外の者を構成員に追加できるようにする．ただし，農外資本による経営支配を防止するため，農業関係者以外の構成員は，総議決権の4分の1以下とする現行の規定は変更しない．併せて，市町村が農業生産法人に出資できるようにする．

c. 業務執行役員要件　マーケティング，資金調達等の企画管理に従事する役員を増加し得るようにする．ただし，農外者による経営支配が排除可能なように措置する．

第3章　規制緩和政策の展開と農業・農産物

　また，前述の調査会答申では婉曲な表現に留めていた農業経営への株式会社形態の導入について，農政改革大綱は，「地域に根ざした農業者の共同体である農業生産法人の一形態としての株式会社に限り認める」と態度を明確にした．さらに，株式会社の農業参入に伴うさまざまな懸念を払拭するための措置，および農業生産法人要件見直しのための具体的内容について，農林水産省内に「農業生産法人制度検討会」を設置し検討を重ねた．その報告書は99年7月に出されたが[19]，農業経営への株式会社形態の導入に関連したものをまとめると次のようである．

　a. 農業生産法人の一形態として参入を認める株式会社は，「株式譲渡につき取締役会の承認を要する」旨の定款を定めているものに限定する．このような株式会社であれば株式を上場することができず，株券には譲渡が制限される旨明記されることから，不特定多数の者に株式が流通することが防止される．また，仮に取締役会の承認を得ないで株式の譲渡が行われても，譲受人は株主としての権利を行使することができない．

　b. 法人の主たる事業が，農業（関連事業を含む）であることが確保されれば，経営の多角化を通じた経営発展，雇用労働力の周年就労等を目的に事業範囲を拡大してもよい．

　c. 農業生産法人の構成員に「法人の行う事業に関して物資や役務について継続的取引関係のある者（個人および法人）」を追加することができるようにする．しかし，農業関係者以外の者の議決権は，総議決権の4分の1以下とする現行の規定は維持する．

　d. 業務執行役員の過半は，その法人の行う農業（関連事業を含む）に常時従事する構成員とし，さらに常時従事する業務執行役員の過半は農作業に従事すると認められる者とする（すなわち，取締役など業務執行役員のうち農作業従事者は4分の1以下でよい）．

　e. 農地の権利取得の許可時における農業委員会の審査を厳正に行う（申請書の記載事項や添付書類の充実）ほか，農業委員会による報告徴収や立入調査など農業生産法人の状況把握を適切に行い，要件を欠くおそれのある場

合や欠いた場合には，農業委員会が指導等を行い，速やかに対応策を講じさせるよう措置する．

f. 農業生産法人としての要件を欠くに至った場合には，農地法第15条2の国による買収手続きに入る．

以上，株式会社の農地取得について，農政改革大綱および「農業生産法人制度検討会報告」から，多少詳しくみてきた．要するに，株式会社を農業生産法人制度で縛っておけば，農地の有効利用，さらには周辺の家族経営と調和した経営が確保され，投機的な農地の取得も排除できるとしているのである．だが，そのために農業生産法人の事業要件，構成員要件，業務執行役員要件を緩和する結果，食品産業，流通産業，観光・レジャー産業，住宅産業など農外資本の参入が容易になり，農地の農業的利用が阻害される恐れが出てきた．株式の譲渡制限についても，取締役会自体が譲渡を承認すれば株式譲渡が可能となるわけであり，ほとんどザル法に近い．また，株式会社に農業生産法人の目的に即した事業展開を行わせるため，農業委員会に多くの責任を押し付けているが，現在の委員会の態勢ではそれは難しい．もっとも，新しい農業生産法人制度は地方自治体が株式会社として農業および関連事業に参入することも認めており，それは耕作放棄のすすむ条件不利地域などで一定の積極的機能を果たす可能性を生み出す．だが，そうした機能は株式会社でなくても実現できる．株式会社は本来的に利益を求めて移動する資本であり，農業で利益が上がらなければ，資本は容易に農地から離れていくのである．その行き着く先は，農地という国民的自然資産の喪失である．

(4) 農協等に対する独占禁止法適用除外制度の廃止

「新3カ年計画」は，「公正かつ自由な競争を促進するため，規制緩和とともに競争政策の積極的展開を図る」ことを掲げたが，この観点から農協など協同組合が行う事業に対して設けられている独占禁止法（私的独占の禁止及び公正取引の確保に関する法律，1947年）の適用除外制度について，「これを最小限とする」方向が打ち出された．これが，「新3カ年計画」の第2に注目

される点である．

　独占禁止法は，「私的独占，不当な取引制限及び不公正な取引方法を禁止し，事業支配力の過度の集中を防止する」こと等を目的としているが，次の要件を備え，かつ法律に基づいて設立された組合（組合の連合会を含む）の行為に関しては，同法第24条によってその適用が除外されている．この要件とは，「小規模の事業者又は消費者の相互扶助を目的とすること」「任意に設立され，且つ，組合員が任意に加入し，又は脱退することができること」等であり，具体的には農業協同組合，水産協同組合，森林組合，生活協同組合など法律の規定に基づいて設立された協同組合が適用除外の対象になっている．ただし，「不公正な取引方法を用いる場合又は一定の取引分野における競争を実質的に制限することにより不当に対価を引き上げることとなる場合は，この限りでない」との，但し書きがついている．

　また，独占禁止法と同時に制定された独占禁止法適用除外法（私的独占の禁止及び公正取引の確保に関する法律の適用除外等に関する法律）によって，法律に基づいて設立された前記の事業者団体（協同組合等）については，独占禁止法第8条の規定についても適用の除外を認めている．第8条では，事業者団体に対する禁止行為を規定しており，具体的には，一定の取引分野における競争を実質的に制限すること，一定の事業分野における現在又は将来の事業者の数を制限すること，構成事業者（組合の構成員など）の機能又は活動を不当に制限すること，などが挙げられている．

　このように，わが国の独占禁止政策では，これまで協同組合の事業活動について，競争条件の確保を前提に2本立ての独占禁止法適用除外制度（独占禁止法第24条と独占禁止法適用除外法）を設け，その活動を保障してきた．だが，「新3カ年計画」では，競争促進の観点から独占禁止法適用除外法を廃止し，協同組合等の適用除外は第24条の規定のみで行う方向を示した．これにより，農協，生協など協同組合の事業活動については，独占禁止法第24条の「但し書き」を理由に規制が強まるおそれが出てきたといえる．

　財界には，従来から商系企業の活動が，農協や生協の保護によって実質

な制約を受けているとの不満があり，独占禁止法の適用除外制度から協同組合を除くことを求めた要求を行ってきた．「新3カ年計画」は，同制度の全面的廃止を求めたものではないが，財界の要求に1つの回答を出したわけである[20]．

(5) 食品産業に対する需給調整的規制の見直し

「新3カ年計画」において注目される第3点は，「需給調整規制については，撤廃の方向で見直す」との方向を打ち出したことである．現実に政府は，電気通信，運輸の分野においては需給調整規制を廃止する方向で動き出し，大店法についても廃止のための法改正が進められた[21]．金融分野においても，いわゆるビッグ・バンによって業種間の相互参入の促進に向けた取組がなされつつある．

食品産業においても，いくつかの業種において政府による「需給調整的規制」が存在する．そのうち，当面の見直しの対象になったものは，イ．酒類の製造免許，ロ．国内産糖製造施設の設置承認，ハ．酪農事業施設の設置承認，ニ．中央卸売市場における卸売業者の許可，の4つである．これらは97年12月の行政改革委員会の「最終意見」においても，今後の検討課題とされたものであった．だが，「新3カ年計画」においては，まだ規制緩和の実施項目として挙げるまでに煮詰まっておらず，99年3月の小渕内閣による「新3カ年計画」の改定（「改定3カ年計画」）を待たねばならなかった[22]．

ところで，「改定3カ年計画」は，「流通関係」分野の「農産物等」において，11の実施項目を挙げているが，多くは「新3カ年計画」と重複しており，新たに挙げられたのは5項目である[23]．そのうちの3項目が，政府による「需給調整的規制」の見直しに係わるものである．

第1は，中央卸売市場における卸売業者の許可制度についてである．

卸売市場法（1971年）では，「当該中央卸売市場の卸売業者の間において過度の競争が行なわれ，その結果当該中央卸売市場における卸売の業務の適正かつ健全な運営が阻害されるおそれがあると認められるとき」には，卸売

業者から新規参入の申請があっても許可しないことができるとされている（第17条第2項第2号）．この規定は，地方自治体等が設置した卸売市場の収容能力に限界があること，および過当競争による許可卸売業者の経営破綻を防ぐための措置であるが，結果的にこれは新規参入を阻止する一種の需給調整的規制になっている．「改定3カ年計画」は，卸売市場間の競争や他の流通チャンネルとの競争が激化しているとの理由から，こうした規制は意味がないとし，その廃止を求めたのである．

第2は，国内産糖製造施設に対する政府の承認制度の見直しである．

甘味資源特別措置法（1964年）では，甘味資源（てん菜，サトウキビ）の生産振興地域を指定し，そこで生産される原料を用いて国内産糖を製造する施設については，農林水産大臣の承認事項としている（第13条）．その場合の承認要件の1つに，「当該区域内における当該甘味資源作物の生産の長期の見通しに照らして著しく過大にならないこと」（同条第2項第2号）という項目があり，これによって過剰設備の防止を行っている．これは設置を承認した国内産糖製造業者の健全な発展を図る措置であるが，一種の需給調整的規制であり，この規定があるかぎり事実上，新規参入は不可能になっている．この規定について「改定3カ年計画」は，「甘味資源作物及び国内産糖企業の在り方についての環境変化の状況を踏まえつつ検討」するとしている．

第3は，乳業施設など酪農事業施設に対する設置承認制度の見直しである．

「酪農及び肉用牛生産の振興に関する法律」（1954年）では，生乳の濃密生産団地として形成することを目的に国が集約酪農地域を指定し，その区域内で設置される酪農事業施設（集乳施設または乳業施設）については都道府県知事の承認事項としている（第10条）．その条件の1つに，「当該酪農事業施設の設置によって当該集約酪農地域の全部又は一部につき酪農事業施設が著しく過剰とならないこと」という条項（同条第2項第3号）がある．これは国内産糖製造施設と同じく，過剰設備の防止を意図しており，一種の需給調整的規制条項である．また，この条項に関連して，乳業施設の新増設の基準を定めた農林水産省の通達（1983年9月3局長通達）があったが，これは規制緩

和小委員会の意見（前述）を受け入れて97年3月に廃止され，その後については新規参入の抑制は行われなくなっている．こうした経過を踏まえ，「改定3カ年計画」では，酪農事業施設の設置承認を含め制度の見直しを求めている．

「流通関係」では以上に加え，酒類製造免許についても需給調整的規制の見直しが盛られている．酒類製造業者については，酒税法（1953年）第10条第11号によって「酒税の保全上酒類の需給の均衡を維持する必要がある」ときには製造免許を与えないことができるという規定があった．実際の運用においても，酒類は需要が低迷し，かつ中小企業が多いという理由から需給調整が行われ，結果として中小規模の酒類製造業者を保護してきた経緯がある．これに対し「改定3カ年計画」では，新規参入を促し，酒類業界の活性化を図るとのねらいから，酒類の需給状況の好転が認められる場合には，速やかに当該品目についての需給調整規制を廃止する方向で見直すことを求めたのである．

食品産業の事業者の施設に係わる以上の「需給調整的規制」は，いずれも必要があって設けられたものである．第1に，事業者が取扱いまたは製造する品目は，生鮮食料品，砂糖，乳製品，酒類といった国民生活と関係の深いものであり，その原料であるてん菜，サトウキビ，生乳，米などは国内的・地域的な主要農産物であり，製造企業との安定的な取引が求められているものだからである．第2に，規制の対象になっている製造業者・流通業者の中に中小企業が少なくないことである．例えば，中央卸売市場の卸売業者，沖縄の砂糖製造業者，清酒の醸造業者の大部分は中小企業であり，仮に承認制度がなくなり，新規参入が自由になるならば，これらの中小企業者は大きな打撃を受けることになろう[24]．

5. 規制緩和政策の性格変化と矛盾

わが国の規制緩和政策は，それが初めて提起された1980年代初頭には，

政府や地方自治体による膨大な許認可事項を整理合理化し，行政介入を最小限にすることによって，民間の自由な経済活動を促進することを目的にしていた．いわゆる民間活力論である．しかし，80年代中頃にかけて日本の経常収支の黒字構造を背景とした経済摩擦が深刻化し，時の政府は86年4月の前川リポートに沿い，国際協調と内需拡大を柱とした経済構造調整政策をスタートさせた．この政策の基調は「市場アクセスの一層の改善と規制緩和の徹底的推進を図る」ところにあり，対外的には市場開放を進めることによって輸入を拡大し，対内的には規制緩和を通じて民間の事業活動を活発化させ，内需を拡大することを目的としていた．とりわけ農産物・食料の輸入拡大は，円高の中で広がった内外価格差を縮小し，農業・流通業などの「低生産性」部門の競争と効率化を促進するうえで効果があるとして，その後の政策に取り入れられていった．農業においては国際協調型農政の展開であり，その中で農産物行政価格の引下げと米流通の規制緩和が進められていった．

　90年をはさむバブル経済とその崩壊の後，93年夏に非自民の細川連立内閣が成立したが，この政権は「経済的規制は廃止，社会的規制は必要最小限とする」とした平岩リポートを受け，不況打開の手段として規制緩和政策を活用しようとした．すなわち，規制緩和によって国内投資を活発化させることによって，内需を拡大しようとしたわけだが，これは前述の経済構造調整政策が掲げた方向と軌を一にするものである．また，細川内閣の時代にウルグアイ・ラウンド農業合意がなされ，米のミニマム・アクセスを含む農産物の総自由化が決定した．同時に農業に係わる国内支持の削減が国際的に合意され，農産物価格政策の縮小再編がその後のわが国農政の基本方向になった．それは輸入規制，価格規制の廃止を含む農業における規制緩和政策の展開そのものである．

　非自民の連立内閣の敷いた規制緩和路線は，自民主導の村山内閣に受け継がれ，95年度から目標期間を定めた「規制緩和推進計画」が開始された．だが，93年から急激な円高が進展したことも加わって，日本経済の「高コスト構造」が問題化し，経済の構造改革を含む日本社会全体の構造改革が政

治的日程に上るようになった．いわゆる「橋本6大改革」である．その基調を貫くのは新自由主義であり，市場原理の一層の導入である．かくて規制緩和は，わが国経済社会の構造改革を推進する牽引者に躍り出ることになり，名称も「規制改革」に格上げされた．こうした時流の中で財界は，経済的規制の柱である需給調整規制，輸入規制，価格規制の廃止を求め，政府に一層の圧力をかけていった．

橋本内閣の下で98年3月に決定した「規制緩和推進3カ年計画」は，福祉，医療，教育への民間企業の参入を認め，規制緩和に「聖域」がないことを宣言したが，同時に株式会社の農地取得と農業への参入も俎上にあげた．また，独占禁止法適用除外制度から農協など協同組合を外す方向も打ち出された．こうして，食管制度の廃止（95年11月）に続き，保護農政を支えた農地制度，農協制度が相次いで見直しの対象になり，新農業基本法の制定（99年7月）とともに，戦後農政はまさに総決算の秋を迎えることになったのである．

だが，規制緩和政策の推進は，必然的に国民諸階層との矛盾を生み出さざるを得ない．規制緩和は，大企業に新たな投資と利潤獲得の場を提供する．農業の一部に株式会社を含む大規模経営体が展開し，流通業には大型店が陸続と進出する一方で，これら「低生産性」部門に根を張ってきた家族経営と自営業者が放逐されていく．その結果，地方人口が激減し，商店街ではシャッターを降ろす店が続出する．病院，学校，保育所などのサービス機関も消え，地域社会は崩壊の危機を迎える．都市・農村を問わず，農産物・食料は，安全性が不確かな輸入品と「資本ブランド」商品に置き換わり，地方の多様で伝統的な産物が消えていく．福祉・医療・教育などの民生部門にも利潤を求める資本が参入し，「高負担・低サービス」の状態が蔓延する．低所得者は，福祉，医療，教育から見放される．こうして規制緩和は，国民の「労働する権利」「健康で文化的に生きる権利」「平和的に生存する権利」「教育を受ける権利」等を奪っていくのである．

政府や財界がいう規制緩和は，羊の衣を被った狼である．「消費者の利益」や「経済の活性化」を理由に規制緩和の効用をいかに喧伝したとしても，国

民の眼前で起きている事実まで覆い隠すことはできない．農業，食料，福祉，医療，教育など国民生活に密着した分野については，営利を求める資本の手に委ねるのではなく，民主主義の立場からの公的規制が不可欠なのである．

注
1) 米流通制度の80年代中頃までの経過については，三島徳三『流通「自由化」と食管制度』［食糧・農業問題全集14-B］（農山漁村文化協会，1988年），その後の経過については，農産物市場研究会編集『自由化にゆらぐ米と食管制度』（筑波書房，1990年），日本農業市場学会編集『激変する食糧法下の米市場』（筑波書房，1997年）を参照．
2) 村田武・三島徳三編『農政転換と価格・所得政策』［講座 今日の食料・農業市場II］（筑波書房，2000年），とくに第5章（三島稿）を参照．
3) この節は，宮下柾次・三田保正・三島徳三・小田清編著『経済摩擦と日本農業』（ミネルヴァ書房，1991年）の第11章「国家独占資本主義と公的規制」（三島稿）のI節を，一部修正のうえ再録した．
4) 答申の全文および関係資料は，臨時行政改革推進審議会事務室監修『規制緩和—新行革審答申—』（ぎょうせい，1988年）に収録されている．
5) 7つの分野とは，流通，物流，情報・通信，金融，エネルギー，農産物，ニュービジネス・その他，であり，いずれも国民生活と関係が深く，政府規制の強い分野である．
6) 村田・三島前掲書，136〜138ページを参照．
7) 飯盛信男『規制緩和とサービス産業』（新日本出版社，1998年），63ページ．
8) 『経済戦略会議報告 樋口レポート』（日刊工業新聞社，1999年），208ページ．
9) 同上，226ページ．
10) 同上，235ページ．
11) 99年4月以降，政府文書では「規制改革」という用語が使われるようになったが，本章ではこれまで同様に，規制緩和（規制の撤廃を含む）という用語を使い，行政用語としての「規制改革」にはカッコをつけて用いる．
12) 米穀の種子については，主要農産物種子法によって，都道府県の奨励品種に指定されないかぎり，一般販売はできないことになっている．
13) ビール，ウイスキーの原料である麦芽については，これまで関税割当制度がとられており，国内需要見込数量から国内生産見込数量を控除した数量の麦芽輸入を認めて，これに1次税率（無税）を適用している．他方で，国産ビール大麦については，メーカーと生産者の間で取引契約を結ばせ，メーカーに対しては事実上，輸入麦芽との抱合せ引取りを義務づけている．
14) このことを検討するために，農林水産省の中に「指定生乳生産者団体制度の在り方に関する検討会」が設けられ，97年10月に規制緩和小委員会の「意見」に

沿った報告書が提出されている．
15) 乳業施設の新増設については，1983年9月の農林水産省3局長通達によって規制されていたが，この通達は規制緩和小委員会の「意見」を受けて，97年3月に廃止された．
16) 98年3月に国産繭に検定を義務づけた蚕糸業法は廃止され，任意検査に移行した．ただし，主産県（生産量の8割を占める）は検査を続行している．
17) 行革委・規制緩和小委員会の「意見」を受けた農林水産省は，98年5月に「新たな麦政策大綱」を公表し，戦後の麦価支持制度（間接統制下の最低価格保障制度）の抜本的改革に着手した．詳しくは，横山英信「麦・大豆における価格・所得政策の再編」（村田武・三島徳三編前掲書），204～215ページを参照のこと．
18) 「新3カ年計画」の「流通関係」では「農産物等」の他に，イ．大店法の廃止および大型店の立地が生活環境に与える諸問題の解決を図るための新たな制度の整備，ロ．酒類小売業免許に係わる需給調整規制の廃止（距離基準は2000年9月に廃止，人口基準は98年9月から段階的に緩和し，2003年9月をもって完全廃止），が実施項目として挙げられている．
19) 「農業生産法人制度検討会報告」を受けた政府は，早速，農地法の一部改正案の作成に着手し，自民党農業基本政策小委員会の承認を得たうえで2000年3月に閣議決定，国会に上程した（成立は2000年12月）．
20) 独占禁止法適用除外法は，不況カルテル制度，合理化カルテル制度とともに，99年6月の国会において廃止された．
21) 98年5月に大規模小売店舗立地法が成立し，2年後の2000年6月に同法が施行されると同時に大店法の廃止がなされることが決まった．
22) 98年12月，行政改革本部規制緩和委員会は「規制緩和についての第1次見解」を発表したが，その中で食品産業に係わる先の4項目の「需給調整的規制」の早急な検討を求めている．
23) 「改定3カ年計画」の「農産物等」で新たに挙げられた項目は，イ．米穀販売業に係わる規制緩和（従来は年2回である米穀販売業登録の周年化），ロ．農産物検査（早期民営化に向け，市場原理を活用した新制度の在り方の検討），ハ．中央卸売市場の卸売業者に係わる規制の緩和，ニ．国内産糖製造事業者の指定製造施設の設置承認，ホ．酪農事業施設の設置承認，の5つである．
24) ただし，酪農家が自ら生産した生乳を，飲用乳，アイスクリーム，チーズなどに加工するための施設まで規制することは好ましくない．食品産業を対象とした「需給調整的規制」はケース・バイ・ケースで対処すべきであり，例えば地ビールの製造免許に係わる最低製造量の規制などは廃止すべきであろう．

第4章　規制緩和と食料品流通

1. 大店法の廃止と「まちづくり3法」の制定

(1) 大店法の成立と改正

　1973年に百貨店法を廃止して成立した「大規模小売店舗における小売業の事業活動の調整に関する法律」（以下，大店法と略，施行は74年3月）は，その目的に「消費者の利益の保護に配慮しつつ，大規模小売店舗における小売業の事業活動を調整することにより，その周辺の中小小売業の事業活動の機会を適正に確保し，小売業の正常な発達を図り，もって国民経済の発展に資すること」（第1条）を掲げている．単刀直入に言うと，「大型店の出店を規制し，中小小売業者を保護する」というものだが，この時期にこうした法律が生まれた背景には，1960年代に急成長し，既存小売業の脅威となっていた量販店（スーパー・マーケット）の展開がある．それまでは，1956年に制定・施行された第2次百貨店法があった[1]．だが，同法は百貨店の新規参入を阻止することによって，逆に既存百貨店の保護を図るものとなり，また同法の網を超えて急増する大型スーパーの規制法としても不十分なものであった．こうした法的状況のもとで，中小小売業者の運動の中で生まれたのが大店法である．

　大店法の対象となるのは，1,500㎡以上の店舗面積（政令指定都市および東京23区では3,000㎡以上）を有する大型店である．この面積以上の店舗を新増設しようとする場合，建物の設置者および入居する小売業者は，通産大

臣に届け出を行い，最終的には商工会議所・商工会代表から成る「商業活動調整協議会」（以下，商調協と略）による調整を受けなければならない．調整されるのは，店舗面積，開店日，閉店時刻，年間休業日数の4項目である．

　大店法は78年10月に改正され，規制の対象となる店舗面積が500m²に引き下げられた．同時に，大型店を第1種（旧法の基準面積以上）と第2種（500m²以上だが旧法の基準面積以下のもの）に分け，前者は通産大臣，後者は都道府県知事が調整を行うことになった．規制面積が引き下げられたのは，旧法の基準面積以下のスーパーが続出したためである．

　だが，改正大店法の下でも大型店と地元小売業者との間の軋轢は絶えず，通産省は81年10月に関係業界と都道府県に「大規模小売店舗の届け出の自粛」に関する通達を出して対処せざるを得なくなった．また，翌82年に通産省は大型店規制のための「当面の措置」を決め，具体的には大手小売業の個別指導や出店窓口規制などを行うようになった．

　だが，大型店の進出に対する政府の規制強化はこれまでで，その後，経団連などの要求によって段階的に規制緩和が進んでいくのである．

(2) 日米構造協議と大店法の規制緩和の進展

　80年代中頃から内外の大資本による規制緩和要求が強まり，88年に出された新行革審の報告では，大店法の見直しが検討対象にされ，さらに89年6月に産業構造審議会流通部会等によってまとめられた「90年代流通ビジョン」では，具体的に大店法の運用改善が提言された．提言のバックに，国内の大手量販店と財界の要求があることは明らかだが，それ以上に強烈なインパクトを与えたのは，89年9月から開始された日米構造協議である．その協議の場でアメリカは，貿易不均衡の是正を理由に大店法の規制緩和を強く求めてきた．そこには，日本では中小小売商より大型店の方が外国製品を多く取り扱っているという認識が存在するが，同時に外国流通資本の日本進出を射程に入れたものでもある．

　ともあれ，90年6月に出された日米構造協議最終報告では，大店法の3段

階での緩和を約束して決着した．すなわち，第1段階では大店法の運用改善によって，大型店の出店調整期間を1年半以内に短縮し，輸入品売場および店舗面積の10％までの増設については調整手続きを不要にする．また，開店時間，休業日数も緩和する．第2段階では，次期通常国会で大店法の改正を行い，輸入品売場に関する特例措置の導入，出店調整期間のさらなる短縮，地方公共団体による独自規制の抑制を図る．そして，第3段階では，上記の大店法改正後2年以内に大店法そのものを見直すというのが，それである．驚くべき内政干渉であるが，現実には，政府の施策はこの約束事項どおり進められていく．

　日米協議の約束によって91年5月に改正大店法が成立（92年1月施行）したが，その主な内容は以下の4点である．

　a）第1種大型店と第2種大型店との境界をそれまでの2倍に引き上げ，3,000m^2（政令指定都市および東京23区は6,000m^2）とする．

　b）商調協を廃止し，出店調整は通産大臣の諮問機関である大規模小売店舗審議会（大店審）が一元的に行う．

　c）出店調整期間を1年に短縮する．

　d）地方自治体による独自規制について，その適正化を図る[2]．

　以上のうち，アメリカがもっとも強く求めていたのが商調協の廃止であった．商調協には地元小売業者の代表を含み，しばしば大型店出店阻止の橋頭堡となっていたからである．改正大店法は，出店調整を通産省が事務局となる大店審に一元化することによって，事実上，地元の意向を無視する姿勢を露にしたのである．

　ところで，改正大店法はその付則で施行後2年以内の見直しを規定しており，94年5月に通産省令による運用改善がなされた．具体的には，①店舗面積1,000m^2未満の出店は原則自由，②届け出不要の閉店時刻を午後7時から同8時まで延長，③届け出不要の休業日数を年間44日から24日に削減するなどであり，経団連，日本百貨店協会，日本チェーンストア協会などから繰り返しなされていた規制緩和要求に答えたものであった．

(3) 大店法の廃止といわゆる「まちづくり3法」の制定

このように日米構造協議の約束と財界の要求に沿って，大店法の骨抜きがなされていったが，その最終目的は大店法そのものの廃止にあった．アメリカ自体，構造協議の中で大店法を2000年度末までに廃止するよう求めていた．96年6月には，アメリカ，EU，カナダが，大店法はWTO協定の中の「サービス貿易に関する一般協定」に違反するとして同機関に提訴するという事態が起こった．また97年10月には，アメリカ政府から「大規模小売店舗法に対する米国の意見」なる文書が送られ，その廃止を具体的に求めてきた．

このような外圧のもとで，97年12月，産業構造審議会流通部会と中小企業政策審議会流通小委員会は合同会議を開き，大店法を廃止するとともに，「大規模小売店舗立地法」（大店立地法）の制定および関連法の整備を求めた中間答申を提出した．これを受け政府は，大店立地法案，都市計画法改正案，中心市街地活性化法案の，いわゆる「まちづくり3法」を国会に提出し，これらは98年5月に一括成立した．

これは，旧百貨店法以来続いてきた商業政策の大転換であり，具体的には次のような内容を含んでいる．

まず大店立地法（2000年6月施行）は，大店法が有していた4項目（店舗面積，開店日，閉店時刻，年間休業日数）による経済的規制を廃止し，大型店の出店によって発生する「地域周辺の騒音，ゴミ，交通対策などの社会的な問題を地元住民などから意見を聞きながら出店者側と協議」する調整形態に移行する．これは一種の社会的規制である．大店法のもとで国が握っていた権限も大幅に地方自治体に移譲される．例えば，出店の届け出や審査については，今後は都道府県や政令指定都市が受け付けることになる．ただし，地方自治体の審査にあたっては，国がガイドラインを定めることになっており，これから外れる規制については国の行政指導がなされることになる．

次に中心市街地活性化法（98年7月施行）は，郊外型量販店の進出などによって空洞化が進む中心部のまちづくりを支援するための法律である．通産

省，建設省，自治省など11省庁が提携し，商店街の基盤整備などで約150種類の事業を用意し，その助成総額は年間1兆円規模に達すると言われる．支援を受けようとする市町村は，活性化のための基本計画を作成するとともに，地元の商工会や商工会議所，第三セクターなどによって「タウンマネジメント機関」(TMO) を設立し，空き店舗対策，施設整備などの具体策を実施する．

最後に，改正都市計画法（98年11月施行）では，市町村の裁量で自由に土地の用途を制限できる「特別用途地区」を設定できるようにした．現行の都市計画法では，「商業地域」「工業用地」「第1種住宅地」など建築物の用途を制限する計12の用途地域を策定，さらにそれに重ねる形で「文教地区」「商業専用地区」など計11の「特別用途地区」の設定を市町村に認めてきた．改正法では，このうち後者の区分けを廃止し，各市町村に独自の「特別用途地区」の設定を認めた．例えば，「商業地域」であっても市町村の判断で量販店の出店を抑えようとするならば，あらかじめその地区を「小規模店舗地区」に指定できるわけである．すなわち，量販店の出店できる地域を事前にゾーニングするわけであり，「まちづくり」の中に量販店と中小小売店を適切に配置しようとするものである．この点では，各自治体には，大店立地法，中心市街地活性化法とともに，計画立案能力および調整能力が問われることになる．

通産省（現在は経済産業省）では「まちづくり3法」は商業政策の大きな転換であると自己評価している．第1に政策の視点が，それまでの大型店と中小小売店の利害を調整するという「産業」の立場から，地域の暮らしやすさを重視する「住民」の立場に転換したものだという．第2に，大型店に対しては従来の経済的規制から社会的規制に転換するものであり，第3に政策主体が国から地方自治体に移行したとする[3]．

通産省が目指すとされるこれらの方向が，いわゆる「地方分権」の流れに沿った政策転換だとするならば，地方や住民の立場として歓迎されることである．しかしながら，99年5月に公表された日米規制緩和協議共同報告書で

は,「大店立地法に関するガイドラインを策定するとともに,地方自治体による運用が法の目的を損ねないよう,必要に応じ勧告などを実施する」としている.アメリカと財界は,あくまでも国が策定するガイドラインの枠内での「運用」を求めているのである.これでは本当の意味での地方分権にはならない.「住民主体のまちづくり」を進めるためには,場合によっては中央政府と対決するだけの住民の自治能力が問われるのである[4].

(4) 欧米における大型店の規制

需給調整的規制の廃止を理由に,大型店に対する出店規制をやめるのは日本だけで,欧米では現在でも規制を続けていることもみておかなくてはならない.例えばアメリカでは,連邦ベースの制度はないものの,州法に基づき各市町村ごとに条例を設け,具体的な出店案件に対して開発規制を行っている.

イギリスでは,田園・都市計画法に基づき,田園地帯については開発許可をまったく行わないこととしている.それ以外の地域における大型店等の開発行為については,市の地方計画庁が規制している.

フランスではロワイエ法に基づき,商業調整の観点から大型店の出店調整を許可制度により行っている.96年にはロワイエ法を改正して,事前許可制度の対象とする売場面積を,人口4万人以上の都市では300m^2以上と厳しくした.さらに,6,000m^2以上の大型店の出店にあたっては,全国ベースの委員会において,中小小売業への影響,雇用などへの影響を調査し,罰則の強化を行った.

ドイツでは1960年の連邦建設法,62年の連邦利用令によって,一般建築物の許可制度が存在しており,大規模小売店など床面積が1,200m^2以上の建物は,特別の指定地域にのみ立地が許されるが,それ以外の地域では原則的に出店が禁止されている[5].

イタリアでは1971年の商業基本法(ベルサーニ法)により出店規制(許可制)を行ってきた.そのため,イタリアの都市では現在でも小規模な小売

業が多く，これらのネットワークと広場によって買い物と交流ができるようになっている．当然，古くからの町並みが維持され，美しい都市景観が保たれている．ところが，ベルサーニ法は98年に改正され，売場面積150m^{2}未満（人口1万人未満の市町村），250m^{2}未満（人口1万人以上の市町村）の出店は自由になった．しかし，それ以上の店舗については，すべて許可制を維持し，例えば250m^2～2,500m^{2}の店舗面積の出店を行う場合には，当該の市町村（コムーネ）に対して計画書の提出が義務づけられ，許可がでるまでは出店できない．もっとも厳しい規制は，2,500m^{2}以上の大型店を出店する場合で，当該市町村，近隣市町村，州，会社・労組の代表等で構成される「事業協議会」が設けられ，地域に及ぼす影響を調査・分析したうえで，行政が出店の可否を決定する[6]．このように，イタリアで大型店規制が厳しいのは，この国では中小・零細企業が多く，小売商業が雇用の場としても重要な地位を占めているからである．

2. 米流通の規制緩和と小売・卸売業の構造変動

(1) 米流通業への新規参入の自由化

1995年から施行された食糧法は，食管法下でも段階的に進められてきた米流通の規制緩和を一気に押し進めるエポックになった．とりわけ，次の2つの規制緩和が大きく作用している．第1に米流通業者の新規参入が食管法に比べ容易になり，事実上の自由化がなされたことである．第2に，食管法時代の特定化され単線的であった米流通ルートに加え，多様で複線的なルート，例えば生産者から小売業者へといった「産直」的なルートも認められるようになったことである．この点では，食管法下では不正流通米とされていた「自由米」が，新法のもとでは「計画外米」として事実上，自由販売できるようになったことが大きく影響している．

規制緩和の第1の側面について少し詳しく説明すると，まず収集過程では，従来の「指定集荷業者」が「出荷取扱業者」に名称変更になった．これには，

食管法の下で基本的に政府米の集荷を代行していた農協等の業者が，1969年の自主流通制度の導入以降，自主流通米・政府米を出荷する業者に変わったという，産地流通における業者機能の変化が背景にある．「出荷取扱業者」は，第1種（生産者から売渡しまたは売渡しの委託を受ける業者）と第2種（1種出荷取扱業者から売渡しまたは売渡しの委託を受ける業者）に区分され，それぞれ農林水産大臣の登録を受けなければならない．

　食管法の「指定集荷業者」の指定要件と，食糧法の「出荷取扱業者」の登録要件との主な違いは，旧法にあった「1年以上の経験要件」が新法ではなくなり，さらに「1種出荷取扱業者」における量的要件が，「10人以上の生産者から20トン以上の取扱見込みのある者」へと緩和されたことである．食管法の「第1次集荷業者」の指定要件は，「30人以上の生産者から50トン以上の売渡しまたは委託を受ける者」であった．食糧法では収集過程における新規参入が容易になったのである．この措置は，明らかに農協以外の業者（商人，会社）の新規参入の促進をねらいとしている．生産者も複数の第1種登録出荷業者と出荷契約を締結できるようになった．

　次に，米穀販売業者（卸売業者，小売業者）の要件の変化をみよう．食糧法では知事による許可制が申請にもとづく登録制に変わり，さらに大きな変化として，第1に，食管法時代に存在した卸売業者と小売業者との間の結び付き要件がなくなった．第2に，卸売業者が登録を受けた都道府県以外で営業したい場合，支店を開設する都道府県ごとに400トン以上の取扱予定があれば，いわゆる「他県卸」として営業が許可されるようになった．第3に，従来，米小売業者の許可要件であった数量要件，経験要件がなくなり，売場さえあれば新規参入が原則として自由になった．また，本店で一括登録すれば，支店での米販売店舗の設置が自由になったことも大きな変化である．

　以上のように，米流通への新規参入は，食糧法の施行によって，米の集出荷・販売いずれにおいても事実上，自由化された．これは，財界が強く求めてきたものである．

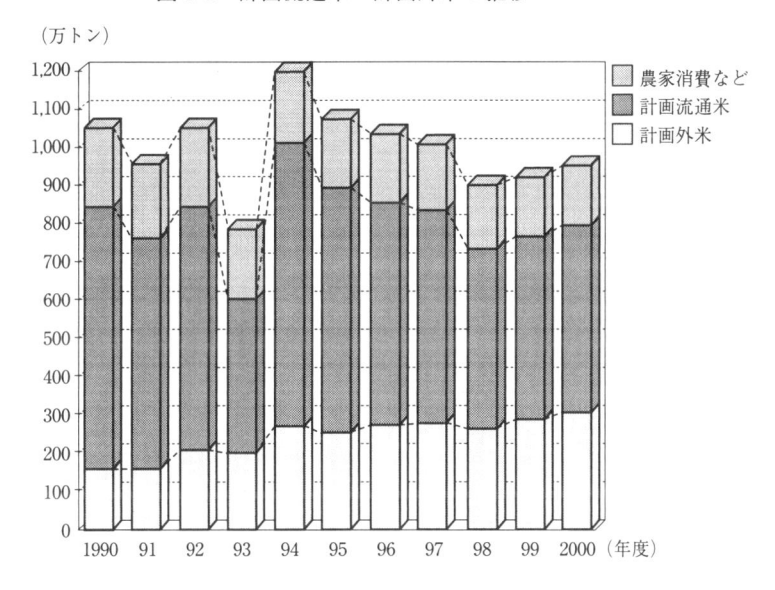

図 4-1 計画流通米・計画外米の推移

(万トン)

資料:食糧庁資料,日本農業新聞等から作成.
注:1) 生産量は農林水産省「作物統計」,計画流通米は出荷実績,農家消費は食糧庁「米穀の現在高等調査」,くず米の数量は同庁「くず米の発生見込数量調査」,それぞれの数値を用い,消耗を生産量の2%と仮定して,次の算式によって計画外米(一般米相当)の数量を推定した.
　　　　計画外米＝生産量－計画流通米－農家消費－くず米－消耗
2) 2000年産の数量はいずれも見込みである.
3) 農家消費等は,農家消費にくず米,消耗を加えた数値である.

(2) 計画外流通米の増大と複線的流通

　規制緩和の第2の側面である米流通の複線化は,食管法下の米流通秩序を一変させるものであった.食管法時代には,自主流通米を含め販売するすべての米は政府の管理米とされ,流通ルートも特定化(1次集荷業者→2次集荷業者→全国集荷団体→許可卸売業者→許可小売業者)されていた.食糧法は,前述のように集荷業者を出荷取扱業者に,許可卸売業者・許可小売業者をそれぞれ登録卸売業者・登録小売業者に名称変更しただけでなく,短縮ルートを含め,原則的にあらゆるルートの流通を認めた.

また，法律上は食糧事務所への届け出が条件になっているが，計画流通米（政府米，自主流通米）以外に，生産者の直接販売米である計画外流通米（以下，計画外米と呼ぶ）を公認した．現実には食糧事務所への計画外米の届け出は農協を除いてほとんどなされていないが，これに対する摘発は食糧法下では一度もなされていない．

　計画外米の公認は，米流通の規制緩和とあいまって，産直的な米流通を推し進める契機になった．図4-1にみるように，計画流通米は現在でも米流通の大宗を占めるが，その量・割合は傾向的に低下し，計画外米の量・割合が高まっている．とくに食糧法が施行された95年以降の計画外米の増加が目立っている．同年以降，生産調整の影響もあって全体生産量・計画流通米とも低下基調にあるが，計画外米については毎年，確実に増大しているのである．2000年産米では一般米相当の計画外米は310万トンと推定されるが，これは計画流通米の実に64％に当たる膨大なものである．いまや計画外米抜きでは，現実の米市場は存在しないといっても過言ではない．

　食糧庁の調査によれば，計画外米は出来秋の9月から年内いっぱいにかけて流通し，年明けには一部を除いて姿を消す．また，同じ調査によれば，約5割が生産者から消費者への直売であり，全体の約4分の1が，産地仲買・外食業者などその他業者への販売である．農協や小売業者への販売もそれぞれ10％台を占める．計画外米の販売先でもっとも多い消費者直売の中には，秋田県大潟村の減反拒否農家の直売なども含まれるであろうが，食糧庁調査（「生産者の米穀現在高等調査」）からの推計によれば，計画外米の9割近くが生産調整実施者から出ている．その中には食管法時代につくられた特別栽培米ルート（有機低農薬米等が対象）を継承したものもある．いずれにしても，計画外米は今日では完全に定着しており，計画流通米と並んで複線的米流通を支えている．

(3) 食糧法下の米穀流通業者の登録状況

　食糧法による第1回目の米穀出荷取扱業者，米穀販売業者の登録は96年6

第4章　規制緩和と食料品流通

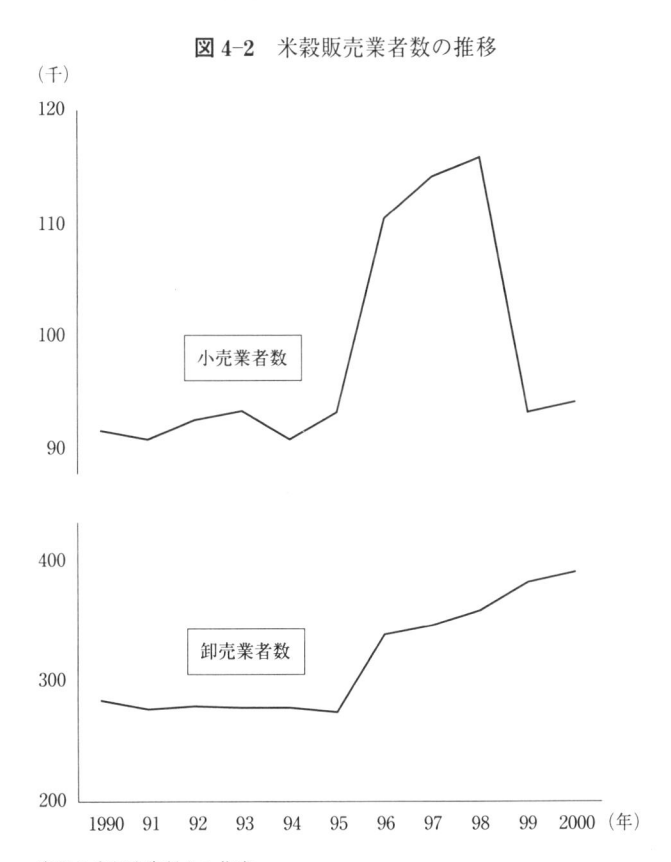

図 4-2　米穀販売業者数の推移

資料：食糧庁資料から作成．
注：95年までは許可業者数，96年以降は登録業者数で毎年6月1日現在である．

月になされた．出荷取扱業者については第1種，第2種とも食糧法制定前後であまり変化がなかった（第1種3,296，第2種86）．第1種業者では，食糧法施行前より5%ほど減っているが，これは農協合併の影響とみられる．第1回の登録では新規の第1種業者は全国で54しかなかった．平均すれば1県1業者くらいだが，これは農協組織が独占的な集荷体制を確保している中では，商人系の業者参入の余地があまりないことを示唆している．出荷取扱業者における新規登録の少なさは，その後においても変わっていない．他方で90

年代後半に農協合併が続き，これに影響されて，2000年6月時点では第1種出荷取扱業者の総数は2,520まで減少している．96年にくらべ4分の1の減少である[7]．

次に販売業者の登録状況をみる．まず卸売業者については，第1回目の登録において，年間販売見込数量4,000精米トン以上の卸売業者としての要件をもった者の新規参入が73社あり，これに既存業者の更新266社を加えると，卸売業者の数は1.24倍になった．新規参入業者の多くは比較的規模が大きい米小売業者が新規登録を受けたもので，大半は従来から仲卸的な業務を行っていたものとみられる．卸売業者の新規参入は，第2回目の登録（97年6月）以降も続いている（図4-2）．が，既存卸売業者の廃業・統合も進んでいるので，今後はあまり増えないものと思われる．

食糧法下の第1回目の卸売業者の登録で目を引くのは，いわゆる「他県卸」が延べで766も生まれたことである．食管法の下でも，卸売業者としての許可を受けた都道府県に隣接した県については営業が認められており，そうした「他県卸」の延べ数は179であった．これと比べると食糧法下の「他県卸」は一気に4.3倍になったわけだが，そこに大規模卸売業者の全国展開の様相をみることができる．「他県卸」が多い卸売業者名を具体的に言うと，神明（本店は兵庫県），ミツハシ（神奈川県），ヤマタネ（東京都），大阪第一食糧（大阪府）など，いずれもトップクラスの米卸売業者である[8]．また，都道府県別に「他県卸」の登録状況をみると，埼玉県，大阪府，東京都，神奈川県，千葉県など，人口が集中した大都市圏が多い．これらの地域ではもともと既存の卸売業者の数も多く，ここでは「他県卸」が参入したことによって，競争が一層激しくなった．「他県卸」は2回目の登録以降も増加し，99年12月には延べ1,262までになったが，これをピークに翌年からやや減少に向かっている．そこには，後にみるような米の販売環境の悪化があるように思える．

次に米小売業者の登録状況だが，前述のように食糧法の下で経験要件も数量要件も不要になり，しかも，いったん登録を受ければ，県内では店舗の新

増設が自由になったことから，図4-2のように全国的に新規参入の動きが進んだ．その結果，第1回目（96年6月）の登録では，全国で小売業者数は約11.0万，販売所数では17.6万に達した（登録前の95年4月の数値では許可業者数9.3万であった）．とくに販売所の増加が著しく，登録前に比較して1.9倍の増加をみた．その結果，1販売所当たりの人口は，1,202人から640人に半減した[9]．それだけ，店舗同士の顧客の取合いが激しくなったのである．だが，販売所数の大幅な増加に比べ，登録業者数では1割程度の増加に留まっている．業者数と販売所数のギャップは，全国展開をしているコンビニエンス・ストアや量販店チェーンなどが本部一括登録をしたためと想像される．

新たに参入した業者を含めた登録小売店の店舗形態は，米穀専門店20.5％，コンビニエンス・ストア17.7％，スーパー・マーケット11.7％，酒屋9.7％，食料品店8.7％，農協7.3％，生協1.0％，その他23.4％となっている．その他の中には，薬屋，駅売店，運送業者，観光土産店，青果店，農業資材業者などが含まれている[10]．ともあれ，食糧法によって米の小売環境は激変し，あらゆる店舗で小袋精米が販売されるようになり，かつて米小売の主流であった米穀専門店（米屋）の地位が大きく低下することになった．

米小売への新規登録は，小売業者，販売所とも，第2回目の登録（97年6月）以降も続いている．だが，登録業者数・販売所数の合計では，99年6月以降，意外にも大きく落ち込む結果になった．99年6月の登録では，前回登録（98年12月）時にくらべ，業者数で2.3万，販売所数で3.6万の減少がみられた．それぞれ2割の減少である．こうした状態はその後も継続している．2000年6月の業者数は9.4万であるが，これは数字でみるかぎり食糧法施行前の状態に戻ったことになる（図4-2参照）．

このように米の小売業者が99年に劇的に減少した背景として，不況の深刻化の中で量販店，ディスカウント・ストアなどが精米の安売りに走り，米の販売環境が悪化したことが挙げられる．少量の取扱いでは，米は儲からない商品になったのである．そのため，食糧法施行後，雨後のタケノコのように増加した，コンビニエンス・ストアやその他店舗における米取扱いが，販

売環境の悪化の中で一斉に撤退し，先のような激減となって現れたものと思われる．前述した99年以降の「他県卸」の減少も，このことに関係していよう．

結局，米流通の規制緩和は何であったかが問われることになるが，明らかなことは規制緩和の中で大手量販店の米販売シェアが増加し，米の安売りを目玉に集客の増加を図るなど，いわば"スーパーの一人勝ち"の事態がもたらされたことである．すでに食管法時代から全国的にスーパー・マーケットによる米販売シェアの拡大がすすみ，東京都ではすでに94年から米穀専門店を追い抜いたが[11]，こうした傾向は食糧法のもとで一層強まったのである．そこで次に，大手量販店による最近の米販売戦略をみよう．

(4) 大手量販店による「資本ブランド」の展開

食管法時代には，都道府県ごとに卸売業者と小売業者の結び付き登録制度があった．そのため，例えば全国チェーンの量販店では本部による米の一括仕入れができず，都道府県ごとに異なった卸売業者から仕入れなくてはならなかった．これは一方で，量販店による統一的なマーチャンダイジング（商品計画）の支障になっていた．食糧法によってなされた前述の結び付き登録制度の廃止と新規参入の自由化は，こうした制約を一気に解消し，「資本ブランド」とも言える，全国同一の量販店ブランドの形成を進める契機になった．大手の各量販店はそれぞれのマーチャンダイジングに沿う形で，納入卸の"絞り込み"を行った．当然，大手量販店の納入卸になることができるのは，全国的に支店（他県卸）を開設できる取扱高上位の卸売業者に限られる．

例えば，量販店の最大手で米取扱高がトップのダイエーは，PB（プライベート・ブランド）米の納入卸を，丸紅，神明，ミツハシの3社に集約し，それまで各県のダイエー店舗に米を納入していた米卸の大部分を排除した[12]．3卸のうち丸紅は，96年6月の第1回登録で総合商社として唯一，卸登録を行ったが，その背景にダイエーとの密接なつながりがあったものと思われる．当初，ダイエーでは原料玄米の仕入れをすべて丸紅を通じて行い，これを卸

間売買で全国の主要卸に供給し，精米・包装したうえで，各店舗に供給する構想をもっていたようである．だが，当の丸紅に自主流通米の買入実績がなく，次善の策として3卸体制になったといわれる．

　米取扱高第2位のイトーヨーカドーの納入卸も全国で5社ほどに絞られ，伊藤忠商事がオルガナイザーとなって「あたたか会」なる組織がつくられた．これにはイトーヨーカドーに米を供給する経済連も参加している．

　大手量販店による米販売戦略の特徴を整理すると，第1に「蔵米」（ダイエー）「あたたか」（イトーヨーカドー）「生活美人」（マイカル）など，「資本ブランド」であるPB米を軸とした販売を行っていることである．第2に，産地・品種を絞り込み，栽培方法も独自の基準を設けた差別化商品（こだわり米）を設けていることである．第3に，食糧法施行に対応して，納入卸の少数化をはかり，量販店本部による統一的なマーチャンダイジングを展開していることである．第4に，米の販売戦略では当初，ダイエーに代表されるような「価格破壊」を行い，周辺の米専門店の顧客を奪っていったが，最近では「高価格・高品質米」「こだわり米」「低価格米」を組み合わせた，多面的な販売戦略にシフトしてきていることである．

　全国津々浦々に店舗展開を行っているコンビニエンス・ストアにおいても，セブンイレブン，ローソン，ファミリーマートといった全国チェーンのそれを中心に，小袋パックを主体とした米販売に積極的である．これら「資本ブランド」の米は，イトーヨーカドー，ダイエー，西友ストアといった系列量販店のマーチャンダイジングと連携しつつあるが，そのオルガナイザーになりつつあるのが，次に述べる総合商社である．

(5) 大手総合商社による米事業の本格化

　食糧法施行に伴う総合商社の動きは，当面，小売事業と海外事業に向けられており，卸売事業への新規参入は当初は少なかった．精米工場建設に新規投資が必要なことや，これまで自主流通米等に買入実績がないことなどが，その要因のように考えられる．ところが，96年の丸紅に続いて，98年に伊

藤忠商事，ニチメン，物産ライス（三井物産系）が，また99年に三菱商事，住友商事，兼松，コメキュウ（伊藤忠商事系）が相次いで新規登録を行い，大手総合商社すべてが米卸売業に参入を果たした．一部の総合商社は，資本参加という形で既存の卸売業者の経営に参画している．卸売業者間の競争激化の中で，今後，経営危機に陥る米卸が増加する気配にあるが，総合商社による卸売業者の吸収・統合は今後，強まっていくものと思われる．また，量販店と総合商社の業務提携によって，総合商社が，量販店に納入する各米卸の統轄者となっているケースもある．イトーヨーカドーへの米納入業者をメンバーとした「あたたか会」の運営は伊藤忠商事が行っているし，ダイエーと丸紅との間にも業務提携がなされている．

　総合商社が量販店と業務提携を行う目的のひとつは，輸入米の売り先確保にある．ほとんどの総合商社はすでにミニマム・アクセス米の輸入業者の資格をとり，実際に海外事業と輸入を行っているが，量販店は，外食産業とともにSBS米[13]の安定的な販売先として期待できるからである．

　両者の業務提携のもうひとつの目的は，国産米の仕入業務にあると考えられる．量販店への国産米の納入は，今後とも既存の卸売業者が担当することになるであろうが，代金決済に問題を残している．米穀専門店と卸売業者とのこれまでの代金決済は慣例として「1週間サイト」でなされてきたが，量販店の支払いサイトは1カ月以上がザラだからである．そのため，量販店に納入する米卸の資金繰りは一般的に苦しいのが現状である．そこで，量販店と米卸との間に総合商社が入り，米卸に対する支払いを代行するのである．

　このように，量販店と総合商社との業務提携は，いまのところ納入米卸に対する代金決済機能を軸に行われているようである．だが，その一方で総合商社は，米卸に対する支配を強め，既存卸売業者への資本参加や経営参加を通じて，米卸売業に全面的に参入する機会をうかがっているようにみえる．

　食糧法施行後の総合商社の参入は，米小売部面でも顕著である．多くの総合商社が，各都道府県で米の小売登録を行っている．住友商事や伊藤忠商事など一部の総合商社では，糧販（北海道）やコメキュウ（東京）といった既

存の中堅米小売業者に資本参加し，多店舗展開を行っている．住友商事では，北海道での成功に自信をもち，米小売業の展開を主要な都府県に広げようとしている．

　総合商社による米市場への参入は，家庭用・業務用の米販売に留まらず，「川上」における農産物集荷や農業資材の販売事業への進出の足がかりにするねらいもあるように思われる．また，「川下」においても，炊飯事業や加工米飯事業を通じて，外食産業やコンビニエンス・ストアの弁当部門等に進出する動きもみられる．食糧法による米流通の規制緩和は，こうして「川上」から「川下」まで，わが国の米市場を総合商社や量販店に引き渡す地ならしになっているのである．

(6)　米小売・卸売業者の危機と再編

　米市場への量販店と総合商社の進出は，食管法下で農協組織と卸売業者によってまがりなりにも保たれていた米市場の秩序を，破壊する方向で作用している．とくに規制緩和の著しい米の卸・小売業では，競争の激化の中で流通業者の交替が急速に進む可能性が高い．

　米小売業では，米穀専門業者（米屋）に代わって量販店が主役の座につきつつある．生き残ることができる米屋は，経営多角化やコンビニエンス・ストアに衣替えをしたそれに限られるだろう．生協も今後，米販売に新機軸を打ち出さないかぎり，後退は免れえない．こうした米小売業界の再編は，食管法時代から続いていたことでもあるが，食糧法による計画外米の公認は，米小売業に強烈なインパクトを与えた．はっきり言えば，消費者が小売業者から米を買わなくなったのである．食糧庁による「99年度第2回食糧モニター定期調査」によれば，米の入手方法で「生産者以外から購入」している者は57%にすぎず，「生産者から直接購入」（21%），「生産者（親・兄弟等）からもらう」（18%）を合わせ，実に4割の消費者が小売業者から米をまったく購入していないのである（生産者および生産者以外の両方から購入している者は4%）[14]．これは驚くべき数字である．米屋は，量販店やディスカウン

表4-1 米卸の営業実績の推移

(百万円)

年度	営業収入	営業費	営業利益	経常利益
1991	167,126	157,189	9,937	13,290
92	173,180	161,138	12,042	13,365
93	204,250	170,394	33,856	31,317
94	178,827	163,449	15,378	13,398
95	142,360	147,486	▲5,126	▲5,033
96	134,709	137,621	▲2,912	▲3,586
97	154,129	145,859	8,270	6,816
98	155,284	141,746	13,538	11,677
99	147,659	139,237	8,422	6,392

資料:全国食糧信用協会「米穀卸売業者の経営概況」(各年).
注:1) 同協会加盟の商系卸売業者(99年度では222社)の集計であり,全農系の卸売業者は入っていない.
2) 営業収入には米穀以外の一般商品の取扱収入およびその他収入が含まれる.
3) ▲は赤字を示す.

ト・ストアに顧客を奪われているだけはない.生産者による計画外米や縁故・譲渡米によっても販売先を失っているのである.このように,規制緩和は米屋の営業危機を深め,その転廃業を強力に押し進めるものとなっている.

食糧法施行によって,米屋とともに,直接的な影響を受けているのは米卸売業者である.卸売業者は,量販店やディスカウント・ストアが仕掛けた「価格破壊」によって,これまでも苦しい経営を強いられていたが,食糧法施行に伴う結び付き登録制度の廃止や「他県卸」等の増加による競争激化は,既存の米卸の経営危機を一層促進することになった.

表4-1にみるように,米卸売業者の営業収入[15]は1990年代に入り93年度まで増加していたが,94年度以降,とくに食糧法が施行された95年度から一気にダウンしている.また,営業利益,経常利益も94年度以降,大きく落ち込み,95〜96年度の2カ年については赤字を計上している.営業利益,経常利益とも赤字になったのは,1958年に全国食糧信用協会がこの種の調査を始めて以来初めてのことである.97年度以降,営業収入,営業利益,経常利益ともやや持ち直しているが,食糧法施行前の実績からは大きく落ち込んだままの状態で推移し,全体としては卸売業者の経営危機は続いているとみなくてはならない.

米卸売業者の経営危機の要因として,米の売上数量が90年代半ば以降,減少している事実を挙げることができる.だが,こうした落込みも96年度

第4章　規制緩和と食料品流通　　　　　　　　　　　　　　　99

図4-3　米穀の売上数量と平均単価の推移

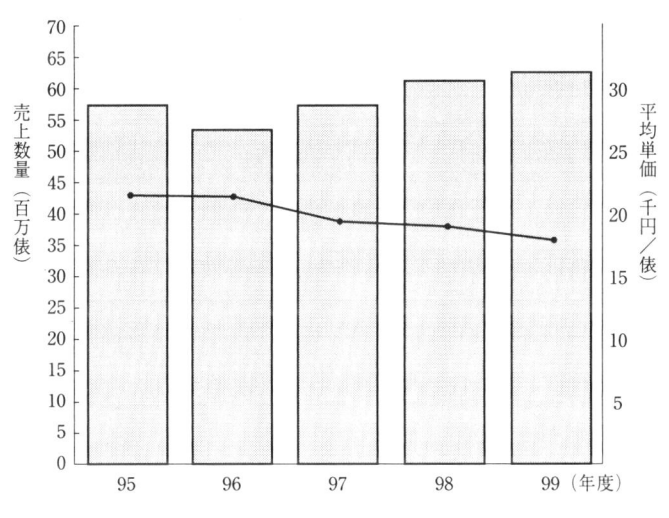

資料：表4-1に同じ．

には底を打ち，97年度からは反転増加してきている（図4-3）．しかし，同図にあるように食糧法施行以降，卸売業者の販売する米の平均単価が一貫して下がり続け，これが米の売上高上昇を抑えている．

　平均単価の低下要因としてまず挙げられるのは，米の供給過剰を背景に自主流通米価格が97年度以降，傾向的に下落していることである．だが，もう1つ無視できない要因として，量販店が米小売でのシェアを高めてきた結果，いわゆるバイイング・パワーが働き，米卸の量販店への納入価格が引き下げられつつあるという事実を挙げることができる．食糧法による結び付き登録制度の廃止の結果として生まれた，大手量販店による卸売業者の"絞り込み"も，これを加速させている．

　いずれにしても，食糧法施行をテコとした米流通の規制緩和によって，米卸の経営危機が深まっているが，すべての業者が一様に経営を悪化させているわけではなく，かえって業績を向上させている米卸も少なからず存在して

いる．先に紹介した全国食糧信用協会の「米穀卸売業者の経営概況」によると，全業者合計の経常利益が赤字になった95年度においても，調査した218卸のうち32％に当たる69卸が売上高を増加させ，11.1％に当たる24卸が経常利益についても増加させている．また，99年度調査では，調査対象222社のうち全体の3分の1に当たる73社が経常利益レベルで黒字を計上し，他方，赤字になった米卸は64社（29％）となっている．すなわち，大半の卸売業者が売上高の減少，経常利益の赤字に苦しんでいる中で，少数の卸売業者は売上高も利益も増加させているのである．そうした優良な米卸は，いうまでもなく「他県卸」を全国展開させている大手卸売業者に多い．

こうした大手卸の中には，卸売業者独自のPBブランドによって，売上を伸ばしてきたものも少なくない．また，売上を伸ばしている大手卸は，一方で量販店等の米供給に対応しつつ，他方で米穀専門店向けに原料厳選のブレンド米を開発し，高価格・差別化商品として売り出している．ここにも，大手卸による「資本ブランド」の展開がみられる．

このように，食糧法による米流通の規制緩和の結果，米の流通構造がドラスチックに変貌し，卸・小売業者の分化と淘汰が進んでいる．そうした中で，大手の量販店と卸売業者による「資本ブランド」の包装精米の流通が増大しているが，これらが米産地に与える影響は，価格引下げや品質向上のさらなる要求となって広がってくるであろう．また，「資本ブランド」による一方的宣伝は，消費者から品質確認の機会を取り上げ，結果として"ニセ・ブランド米"の横行を許す原因となる．「資本ブランド」が増えれば増えるほど，JAS法による精米の品質表示規制が強化されなければならないだろう[16]．

3. 酒類販売規制の緩和

(1) 酒税法とその改正

酒類小売販売業に対しては，これまで免許制度による参入規制が行われてきた．根拠法は1953年制定の酒税法である．酒類の小売価格については，

基準販売価格，制限販売価格の設定による規制もある．酒造業者についても酒税法による免許制度があり，免許取得のためには酒の種類ごとに設定された最低製造数量をクリアする必要がある．また，酒類の価格維持のために供給調整が徹底していることから，新規参入はほとんど不可能に近い．酒類小売業および酒造業者に対する免許制度の目的は，酒類業界の経営的安定を図ることによって，酒税収入を安定的に確保することにある．また，酒類販売を規制することによって，青少年に対する影響や暴力団の進出を阻止することなど，社会的規制も加味されている．

　こうして酒類業界は，酒税法のもとで長く保護と規制の網の中にあった．それは国税庁を母船とする一種の護送船団といってもよい．だが，80年代中頃から本格化する規制緩和の荒波は，酒類業界の護送船団についても容赦なく襲ってきた．最初の動きは，1989年4月から実施された清酒とウイスキーにおける等級制の廃止と従価税から従量税への移行であった．等級制の廃止によって，例えば特級，1級，2級といったそれまでのランクがなくなり，酒造業者による品質表示が自由になった．だが，清酒については特定名称酒（純米酒，吟醸酒，本醸造など）の表示基準がつくられ，製造方法によって品質区分がなされるようになった．

　従価税とは，価格の高さに応じて高率の課税を行うもので，港渡価格に関税をかけられる輸入洋酒にとっては，きわめて不利な制度であった．そのため，海外諸国は従価税の撤廃を求めてガットに提訴し，その勧告を受けた日本政府は従価税を廃止し，すべて従量税に変更した．現在では，基本的にアルコール分別法によって税率を決めている．

　97年5月には再び酒税法が改正され，焼酎（甲類，乙類）酒税の段階的課税引上げとウイスキー類の引下げが決まった．これは，日本の焼酎の税率がウイスキーのそれよりも低いことを問題とするアメリカ，イギリス，EUがWTOに提訴し，これを受けWTOが日本政府に勧告したことを契機としている．こうして蒸留酒間の税率調整がなされたが，これにより国内外のウイスキー・ブランデー会社には売上を伸ばす絶好の機会が生まれた．一方，九

州を中心とした中小の乙類焼酎（本格焼酎）メーカーや比較的大企業の多い甲類焼酎メーカーは，「価格の安さ」を売物にできなくなり，経営的に打撃を受けている．

　いずれにせよ，等級制の廃止と従量税への移行，および酒類間の税率調整は，酒類間・酒造業者間さらには製品アイテムごとの価格体系をドラスチックに変え，それだけ業者間の競争を激しいものにしていった．この結果，酒造業者における護送船団は，事実上崩れたといってよいだろう．

　ビール業界では，94年4月に実施された製造免許の最低製造数量の引下げを契機に，いわゆる地ビールが全国各地に生まれることになった．これは国民サイドからみて，規制緩和の成功例といってよい．それ以前では，ビールの免許取得に必要な年間最低製造数量は2,000klと高く，事実上，大手メーカー以外の参入を阻止していた．規制緩和によって，最低製造数量が一挙に60klまで引き下げられ，比較的少額の資本でもビール業界への参入が可能になった．だが，地ビールの乱立は，同業者間の競争を激化させている．また，60klとはいえ，依然として最低製造数量の設定があることは，零細業者にとっては重荷になっている．売上が少なくなった場合でも，認可の最低数量は製造しなくてはならないからである．一時の地ビール・ブームも収まっていることからみても，今後，弱小企業の淘汰が進むものと思われる．

(2) 酒類小売業の免許制の緩和

　酒類小売業界の規制緩和も進んでいる．93年に政府は，アメリカと量販店等からの規制緩和要求を受け入れ，店舗面積1万平方メートル以上の大型店に販売免許を与えた．だが，これは全国で約14万店の既存酒販店への影響を考慮し，免許取得後3年間は清酒とビールの販売ができないという条件つきであった．こうした条件にアメリカや量販店が強く反発した結果，政府は翌94年に規制を緩和し，すべての輸入酒の販売を自由にした．これがきっかけとなって量販店は低価格の輸入ビールの取扱いを開始し，酒類専門のディスカウント・ストアの進出とあいまって，一時期，国産ビールを含めた

"価格破壊"が吹き荒れた．その後，ビールの需要が国産に回帰したことから，"価格破壊"は比較的短期間に終わったが，輸入ワインによる"価格破壊"は現在まで続いている．

なお，酒類販売免許の規制緩和要求は，経団連を通じて繰返しなされ，大蔵大臣の諮問を受けた中央酒類審議会は，97年6月に酒販免許等の規制緩和を答申した．これは酒類小売業の新規参入の条件になっている距離制限や人口基準を段階的に緩和し，将来的には希望者すべてに免許を与える，登録制に移行することを内容としている．

こうして98年4月の「規制緩和推進3カ年計画」では，「酒類販売調整のための規制の撤廃」が盛り込まれることになり，国税庁の新しい取扱要領では，2000年9月までに「距離基準」（これまでは既存店から100～150m離れていることが必要であった）を廃止し，「人口基準」（同一市町村内では750～1,500人以上に1軒）は2003年9月までに段階的に廃止することが決まった．出店規制が廃止された以降も，免許制度そのものは残ることになるが，それは米小売業と同じく，出店を自由にしたうえでの登録制である．

酒類販売における出店規制の緩和が，既存の酒類販売業界に大きな影響を与えることになることは間違いない．とくに零細業者が多い酒類の小売業者は，93年の規制緩和によって酒販免許を得た量販店やディスカウント・ストアの安売り攻勢や，コンビニエンス・ストアによる24時間販売，さらには自動販売機の乱立などによって，売上高および営業利益を大きく減少させている．転廃業を強いられている業者も続出している．そうした中で，酒販免許の距離基準および人口基準を廃止することは，コンビニエンス・ストアなど多店舗展開を進めている小売業にとっては好都合であろうが，既存の酒類専門店にとってはまさに死活問題である．

このようなことから，酒類小売商13.3万人を組合員とする全国小売酒販組合中央会では，酒販免許の規制緩和に反対する165万人の署名を集め，自民党に陳情した．酒販業者を有力な支持基盤とする同党は，この陳情を無視することができず，2000年9月予定の距離基準の廃止を4カ月間延期すること

になった．この間に，公正取引委員会に指示して「不当廉売についてのガイドライン（指針）」をつくらせ，これを発表した．さらに，すべての酒類販売店に「酒類販売管理者（仮称）」の配置を義務づけ，未成年者が安易に酒類を買えないようにするための議員立法の提出を検討することを条件に，2001年1月から距離基準の廃止を強行した．2003年9月を最終目標とする人口基準の段階的廃止も予定どおり行われる．

これにより米に続き酒類も事実上，免許不要の"自由販売商品"になる．規制緩和によって消費者の利便性が増大すると言われている．しかし，地酒を含む豊富な品揃えと専門知識で愛飲家の信頼を得てきた"街の酒屋さん"は少なくなり，今後は，大メーカーの粗悪な酒類しか置いていない量販店，ディスカウント・ストア，コンビニエンス・ストアが増えてくるであろう．酒類販売店が乱立することによる，未成年者への社会的影響も無視できない．酒類免許の規制緩和は，このように多くの問題を抱えている．

4. 生鮮食料品の卸売市場制度の改正

(1) 卸売市場法と「例外規定」

生鮮食料品の流通において大きな役割を果たしている卸売市場にも，規制緩和の波が押し寄せて入る[17]．だが，これは流通における実態の変化を，制度が追認したものが多い．1999年7月に食料・農業・農村基本法が制定されたが，これとほぼ同時期に卸売市場法も改正された．改正卸売市場法から，規制緩和の実態をみてみよう．

1971年に制定された卸売市場法は，その前身である中央卸売市場法（1923年制定）の取引原則をほぼ受け継いで生まれた．卸売におけるせり・入札の原則（第34条），市場外にある物品の卸売の禁止（第39条），自己の計算による卸売の禁止（委託集荷の原則），などがそれである．

しかし，卸売市場法はこれらの取引原則に対する「例外規定」も同時に用意した．例えば，「せり・入札」を規定した第34条の「ただし書き」で，貯

蔵性があり比較的安定して入荷するものについては，市場の業務規定で「特定物品」として認められれば，相対取引もできるようにした．また，「災害の発生やその他省令で定める特別の事情がある場合」には，「せり・入札」以外の取引方法の導入も可能にした．第39条の市場外の卸売の禁止についても「ただし書き」があり，開設者が指定する場所については認められた．委託集荷の原則についても，例外規定によって買付集荷が認められた．

(2) 流通環境の変化

こうした「例外規定」は，法律制定後の流通環境の変化の中で，「例外」から「本流」へと地位を移していく．変化をもたらした主要因は，出荷者側・買い手側双方における大型化の進展である．個人出荷や商人出荷が後退し，農業協同組合とその連合会による大型共販物が市場入荷の過半を制するようになった．出荷時期によっては，特定の大型産地が全国の市場出荷の大半を占めるような事態もみられるようになる．こうした場合には，拠点市場には荷は集まるが，地方では中央卸売市場でさえ拠点市場からの転送に依存せざるを得ない事態が生まれる．当然，価格形成の主導権は大型産地にあり，しばしば「指し値委託」のようなことがまかり通る．市場側からみれば，事実上の「買付集荷」が強いられるわけである．

買い手側の変化は，量販店の進出によってもたらされた．70年代以降，都市部を中心に相次いで出店展開を図った量販店は，生鮮食料品の売上において，すでに伝統的な八百屋，魚屋など専門店を上回り，現在では小売シェアの半分以上を占めるようになってきている．チラシ販売を武器とする量販店は，定時に定量・定品質・定価格の品揃えを要求する．開店時間には，小袋パックの形で品物を陳列しておかなくてはならない．通常の卸売市場では早朝行われる「せり」を待っていたのでは，開店に間に合わない．そのため，仲卸売業者を通じて，せり時間前取引（いわゆる先取り）が行われるのである．

また，先のような量販店サイドの要求に答える形で，卸売業者を媒介に出

荷者側と事前に取引契約を結ぶ，各種の「予約型取引」が一般化していく．卸売市場では商取引のみを行い，物流は産地から直接量販店等の配送センターに向かう，いわゆる「商物分離」も黙認される．

量販店進出に伴うこうした取引形態の変化によって，卸売市場法の取引原則はどんどん形骸化していったのである．これに拍車をかけたのが，円高の進展に伴い急増した輸入食料品（青果物，水産物）である．港に到着した時点で，すでに「輸入コスト」が決まっているこれらの物品については，「コスト」割れがある恐れがある「せり」はなされない．市場外取引を含め，すべて相対によって価格が決まっていくのである．

(3) 改正卸売市場法と規制緩和

以上にみた，生鮮食料品をめぐる流通環境の変化をほぼ受け入れる方向で，99年の卸売市場法改正がなされた．

改正卸売市場法のポイントは，①取引方法の改善，②卸・仲卸業者の経営体質強化，③卸売市場の再編の3つである．このうち規制緩和に関係したものは，①である．

第1に，「せり・入札」による取引方法に加え，「相対による取引」が条文上も明記された．どの取引方法をとるかは，市場関係者と協議のうえ，開設者が市場，品目別に業務規定で定めることになっている．また，相対取引による取引の不透明性を解消する手段として，卸売業者に，取引方法別の卸売数量・価格の公表を義務づけている．

第2に，「市場外にある物品の卸売の禁止」についても大幅に規制緩和がなされ，市場の開設区域内では卸売業者が申請した場所で，卸売ができるようになった．いわゆる商物分離が，法律上も公認されるようになったわけだが，これはいずれ，市場手数料の公定化の見直しにも発展していくであろう．物流面で市場を通さない取引に対して，市場取引と同じ手数料を課すことについて異論が生まれることは必至だからである．

第3に，「自己の計算による卸売の禁止」も規制緩和し，卸売業者の買付

集荷を認める．ただし，どの品目にこれを認めるかは，市場ごとに業務規定で定める．法律改正の議論では，仲卸業者の直接集荷，および卸売業者の第三者販売も問題となった（垣根の撤廃問題）が，これについては従来どおりの垣根を維持することになった．

取引方法における規制緩和は，以上の3点が主なものである．なお，③の卸売市場の再編に係わって規制が緩和されたことのひとつに，開設者と開設区域の変更における弾力化措置がある．これは，例えば，卸売市場の開設者を市から県に移行するようなことを可能にするもので，拠点市場の分荷圏が広域化してきていることへの対応でもある．

いずれにしても，以上の規制緩和は基本的に実態の変化の追認である．だが，こうした手法での制度改正は，卸売市場制度を民間流通の論理（＝資本の論理）に巻き込むものであり，卸売市場の公共性からの乖離をますます促進するものである．

注
1) 第1次百貨店法は1937年に制定されたが，第2次大戦後，GHQ（連合軍総司令部）の意向によって廃止された．
2) 中小小売業者の政治力が強い地方自治体では，大店法の規制を上回る規制を行っていた．
3) 北海道新聞1999年1月5日付．
4) 住民主体の「まちづくり条例」を制定し，地方自治体独自に出店調整を行っている例として，富山県滑川市，神奈川県真鶴町，長野県穂高町，熊本県小国町などが挙げられる（しんぶん赤旗2000年4月20日付）．
5) 以上の欧米における大型店規制の実態については，吉井英勝「大型店の進出規制は世界の流れ」（前衛1998年5月号）を参考にした．また，ドイツにおいてはキリスト教的伝統と労働者保護を背景とした閉店時間の規制（閉店法）があり，日祭日は閉店，平日は午後8時，土曜日は午後4時となっている．なお，96年の閉店法の改正までの閉店時間は平日午後6時半，土曜日午後2時であった（斎藤雅通「ドイツにおける小売業の現状と閉店法改正」，流通経済研究会通信第23号，1998年12月）．
6) しんぶん赤旗2000年12月4日付．
7) 米流通業者の登録関係の数値は，すべて食糧庁資料による．
8) 天野一男「米流通業界の動向」（『農業および園芸』第72巻第1号，1997年）

102ページ.
9) 前田敏行「食糧法下における米流通の動向」(『農業および園芸』第72巻第1号, 1997年) 96ページ.
10) 同上, 96〜97ページ.
11) 東京都消費者センターによる消費生活モニターアンケート結果による. 日本農業市場学会編集『激変する食糧法下の米市場』(筑波書房, 1997年) 第6章 (大泉一貫稿) 182ページの表参照.
12) 量販店および総合商社による米戦略については, 食糧ジャーナル, 商系アドバイスなど業界紙誌を参考にした.
13) ミニマムアクセス米の一部でSBS (Simultaneous Buy and Sale) とは売買同時入札のこと. 具体的には米を輸入する指定商社と購入する卸売業者等が事前に話し合い, 食糧庁への納入価格と, 食糧庁からの買入価格を連名で入札し, 売買価格差の大きい方から順次落札する. この入札方式では, 食糧庁は瞬間的にタッチするのみで, 売買価格の決定権は基本的に輸入業者と買い手である卸売業者等にあるため, 国際価格の動向がそのまま反映される.
14) 池本佳代「平成11年度第2回食糧モニター定期調査結果の概要」(食糧月報 2000年11月号) 18ページ.
15) 営業収入には米の売上高以外に, 食品など一般商品の売上高, およびその他収入も含まれるが, 全体の8割は米の売上収入である.
16) 2001年4月から包装精米 (玄米を含む) は, 食糧法に代わって, 改正JAS法 (農林物資の規格化及び品質表示の適正化に関する法律) の適用を受けるようになり, 新たに「品質表示基準」がつくられ, すべての包装精米にこの基準に基づく表示が義務づけられた. その基準自体は従来のものより厳格なものだが, 問題は食糧法が有していた「認証・確認制度」が廃止され (任意での存続は可能), 事後的なチェック体制としたことである. 具体的には, 違反があった場合, 食糧事務所や都道府県による改善指示, 公表があり, それでも改善されない場合には, 改善命令, 罰則 (50万円以下の罰金) となる. しかし, 行政改革によって食糧事務所の職員が大幅に削減され, 都道府県の体制も不十分な中で, 果たしてどれだけチェックができるか疑問である.
17) 近年の卸売市場および卸売市場政策の動向については, 日本農業市場学会編集『現代卸売市場論』(筑波書房, 1999年), および滝澤昭義・細川允史編『流通再編と食料・農産物市場』(筑波書房, 2000年) 第3章 (細川稿) に詳しい.

第5章　規制緩和とハーモナイゼーション
　　　―輸入検疫と品質表示の制度をめぐって―

1. 問題の経過と課題

　食品の安全性と係わりの深い輸入食品・農畜産物の検疫と品質表示制度は，1980年代中頃から相次いで規制緩和がなされてきている．輸入品の検疫における規制緩和において，その突破口を開いたのは，85年9月に当時の中曽根内閣によって決められた「市場アクセス改善のためのアクションプログラム」である．これはアメリカからの外圧の所産であるが，すすんで90年6月の「日米構造協議」最終報告では，「輸入手続きの24時間終了」が目標とされた．
　さらに94年4月に調印されたWTO設立のためのマラケシュ協定の中には，貿易に対する悪影響を最小限にすることを目的とした「衛生及び植物検疫措置の適用に関する協定」(Agreement on the Application of Sanitary and Phytosanitary Measures：SPS協定)が含まれている．これには「関連する国際基準がある場合，加盟国は，原則として，それに基づき措置を採る」という，いわゆるハーモナイゼーション（Harmonization）の原則が明記されている．同時に締結された「貿易の技術的障害に関する協定」（TBT協定）でも，合理的理由がないかぎり国内規格は国際規格に従うことが確認されている．
　日本は94年12月にこれらの協定を含むWTO協定を批准し，これに前後して検疫制度と規格・品質基準，さらには表示制度の見直しに着手した．これら食品の安全性に係わる制度の見直しは，93年8月成立の細川内閣から本

格化した規制緩和政策の一環でもある．

本章では，(1)食品の安全性と検疫制度，(2)食品の品質基準と表示規制，の順序で，規制緩和と国際的ハーモナイゼーションの過程と問題点を明らかにする．

2. 食品の安全性と検疫制度

(1) 輸入食品検査とアクションプログラム

輸入食品の検査は，厚生省の食品検疫所において食品衛生監視員によって行われる．ここでは，国内と同じ基準によって，食品の匂いや色を調べる官能検査と，ラベルに記載された添加物を調べる表示検査を実施する．また，国内で許可されていない食品添加物の有無，および細菌や残留農薬の検査も随時実施される．これが，いわゆる行政検査である．

輸入されるすべての食品について輸入者は食品検疫所に食品等輸入届書を提出しなければならないが，実際に検査するかどうかは輸入される食品の種類による．今日では届け出件数の9割は書類審査ですまされ，現物検査がなされるのはわずか1割に過ぎない．現物検査のうち先に述べた行政検査の比率は20%を切っており，概ね半数は指定検査機関による自主検査である．外国公的検査機関によるものも20%近くを占める．また，「継続輸入」と称して，実際には現物検査を行わないが，検査をしたとみなすものも20%を超えている[1]．

このように現在では，輸入食品検査の「簡略化」がすすんでいるが，こうした変化は1985年9月に決定をみた「市場アクセス改善のためのアクションプログラム（行動計画）」の実施によってもたらされたと言ってよい．

1980年代にたびたび噴出した貿易摩擦を背景に，アメリカやEC諸国は，輸入拡大の障害になっている，わが国の基準・認証制度に矛先を向け，その緩和・撤廃を迫るとともに，輸入手続きの簡略化をつよく求めてきた．これに対し，当時の中曽根内閣は先の「アクションプログラム」を決定し，次の

第5章　規制緩和とハーモナイゼーション

ような措置を実行に移していったのである．

　a）そのまま摂取されることがなく，製造・加工段階での監視によって安全性の確保が可能なものは，輸入届け出不要とすること（油脂用大豆・ナタネ，麦芽，ホップなど）．

　b）品質が安定的で，衛生上の問題が少ないと考えられる食品等で継続的に輸入する場合，1年間ないし3年間の届け出を包括して行えること（大麦，小麦，コウリャン，大豆，かん詰，びん詰食品など）．

　c）継続的輸入の実績があるもの，過去3年間に食品衛生法に違反していないものについては，1年間の一括届け出でよいこと（穀物，コーヒー，ココア製品，茶，チョコレート，冷凍野菜，でん粉など）．

　d）すべての輸入食品に事前届け出制を導入し，検査を要しないと判断したものについては，貨物の搬入前でも輸入届け出書の写しを交付すること．

　e）輸出国の公的検査機関が発行する検査結果をそのまま受け入れる措置を拡大すること．

　こうした規制緩和の結果，輸入食品の届け出件数は80年代中頃から急増し，プラザ合意（85年9月）を契機とする円高の追い風もあって，輸入量は増加の一途を辿っていった．

　だが，いかに「簡略化」したとはいえ，輸入の増大の中で行政検査の件数は増え続ける一方であった．このため，実際に検査を行う食品衛生監視員の数は絶対的に足りず，監視員の不足から少なくない輸入食品が事実上フリーパスになっている．こうした「恐るべき輸入食品」に対する，港湾関係の労働組合や消費者団体・農業団体などによる連動と告発は世論を動かし，政府も重い腰を上げざるを得なかった．

　90年10月，厚生省は「検疫所における検疫・輸入食品監視体制懇談会」を開き，同年で99人に過ぎなかった食品衛生監視員を，3年間に倍の200人にすることを提言した．98年時点では，全国31カ所の検疫所に264名の食品衛生監視員が配置されている．だが，輸入港は110を数え，増大する食品輸入からみれば監視員の数はまだ圧倒的に不足している．行政検査であって

も書類やサンプルのみの検査であるという実態は，基本的に変わっていないのである．

(2) 残留農薬基準の国際的整合化

わが国の残留農薬基準は，1日摂取許容量（ADI）を基準に設定されている．これは，人体に毒性をもたらさないとされる許容量であるが，平均すれば国際基準の半分以下の低い基準となっていた．収穫後に保存などのために殺虫剤，殺菌料，防カビ剤等を散布するポスト・ハーベスト農薬の使用も禁止されていた．しかし，農産物貿易の拡大を求めるアメリカ等の要求によって，91年から残留農薬基準の見直しがすすめられ，ポスト・ハーベスト農薬の基準設定がなされるようになった．

91年12月，厚生大臣の諮問機関である食品衛生調査会は，ポストハーベスト農薬9種類を含む34種類について新たな残留農薬基準を設定した（92年10月告示）．個々の基準は，全体として国際基準に合わせるものとなっている．例えば米国でジャガイモの発芽防止剤として使われているクロルプロファムは，米国の基準50ppmをそのまま採用した．これは農薬取締法の登録保留基準である0.05ppmの何と1,000倍である．

ところで，前述したSPS協定では，国際基準がある場合には，自国の衛生・防疫措置をそれに調和させるという，いわゆるハーモナイゼーションの原則を確認したが，具体的な食品の国際基準については，FAO（国際食糧農業機関）とWHO（世界保健機構）が合同して設立した食品規格委員会（コーデックス委員会）が作成の作業に当たっている．だが，同委員会には食品企業の代表者が，政府アドバイザーとして基準づくりに参加しており，作成された「基準」は輸出国本位のものとなっている．例えば，農薬の残留基準では，日本のそれと比べると最高で15倍もゆるい．日本で残留基準が定められていない農薬では，環境庁が定めた登録保留基準と比べると2倍から100倍もゆるい基準となっている．

ともあれ，こうした国際的な動きに沿って厚生省は，94年12月に内部検

討会の報告書を出し，国内使用農薬を中心にこれまで103農薬について定められていた残留農薬基準を，海外使用農薬を含め200農薬程度まで広げる方針を打ち出した．当然，その中にはポストハーベスト農薬が含まれている．

現行のわが国の残留農薬の規制は，基準が設定されていない農薬については，実際に残留していても取り締まることができない，いわゆるネガティブリスト方式を採っている．一方，世界には約700種類の農薬が存在していると言われている．そのため現行方式では，わが国で基準が設けられていない，かなりの種類の農薬が事実上チェックできないことになる．これに対し一部の消費者団体は，わが国で残留農薬基準を設けていない農薬が残留している農産物が見つかった場合には，その輸入を禁止するポジティブリスト方式の導入を主張して対立している．

(3) 植物防疫の規制緩和

1950年に公布された植物防疫法は，その目的として「輸出入植物及び国内植物を検疫し，並びに植物に有害な動植物を駆除し，並びにそのまん延を防止し，もって農業生産の安全及び助長を図る」ことを掲げている．その実施機関である植物防疫所は，1990年現在，全国に5本所，14支所，80出張所が配置されている．植物検疫業務に従事する専門行政職である植物防疫官の現員は，港や空港における輸入植物の増大にともなって増加し，67年の356名から90年では789名になっている[2]．製材，製茶，塩漬け，乾果等，高度の加工を行ったものを除くすべての植物の輸入は，植物防疫官による検査が義務づけられている．また，特定の植物については輸入禁止の措置がとられている．検査は，輸入した港，空港，郵便局で行われるほか，特定の果樹苗木や球根類，およびジャガイモ・サツマイモ生塊茎，サトウキビについては，一定期間の隔離栽培試験が必要とされている．なお植物防疫法は，国内種バレイショの県外移出についても，北海道など栽培の多い地域を対象に植物防疫官による病害虫検査を義務づけている．

輸入時の検査の結果，病害虫の付着等から不合格にされたものについては，

消毒または廃棄の措置がなされる．89年の実績では，生果実の88.2%，木材の79.0%，豆類の69.5%，穀類の53.3%，野菜の31.2%について消毒措置がとられた[3]．驚くべき高さである．

わが国の植物防疫は，輸入食品の検疫に比べれば相対的に恵まれた人員によって原則として全量検査が実施され（切り花では1本ずつ検査が行われる），1つでも病害虫がみつかれば消毒措置（くん蒸）を行うなど，概して法の目的に沿った結果を出してきたといえる．だが，これは輸出国の側からは一種の「貿易障壁」に写る．そのため，わが国の植物貿易に対する規制緩和の要求が繰り返しなされてきた．

このような折，84年から各省庁の附属機関等の総合実態調査を行ってきた総務庁行政監察局は，92年5月，「動植物検疫に関する勧告」を行った．植物防疫に関しては次のような勧告がなされた．

a）輸入検疫の効率化を図るため，輸入検疫における重要度が相対的に低い貯蔵害虫等について，その有害度や識別技術の調査研究を積極的に推進するとともに，それらの輸入検疫上の取扱いについて，検査の対象とする病害虫又は消毒措置対象から除外する方向で検討する必要がある．

b）輸出国における検疫証明書の添付されたものについては，抽出率の緩和など検査の効率化を図る必要がある．

この勧告を受けた農水省は，ただちに植物検疫基準の見直しに着手し，可能な改善を図った．だが，a)のような全面的な改革は，94年4月のSPS協定の締結以降になされることになる．この協定により，国際基準とのハーモナイゼーションを求められた農水省は，内部検討を経て96年1月に「植物検疫に関する懇談会」の報告書を出した．この要点は2つある．1つは，わが国の検疫基準としてFAO策定の病害虫危険度解析（PRA）ガイドラインを採用するとしたことである．PRAでは，国内農業に影響を与えないと判断される病害虫については，検査の対象から除外されている．2つは，種苗類の検疫では，輸出国に圃場段階での病害虫の発生検査を義務づけたことである．

この新基準に沿って農水省は植物防疫法改正案をまとめ，これは96年6月

の国会で成立し翌97年4月から施行された．改正された植物防疫法施行規則（省令）では，新たに「非検疫有害動植物」として害虫30種類（コクゾウムシ，バクガ，ミカンナガカキカイガラムシなど）と害菌（青カビ類など）6種類を指定し，これらの病害虫については，a. 国内に広く分布している，b. 公的防除の対象になっていない，c. 国内農業に影響がない，ことを理由に輸入時の検疫で発見されても消毒や選別の対象にしないことにした．また，ウコン，アーモンド，コショウなど9品目については，「ほとんど有害な動植物の侵入の恐れがない」として，輸出国の検査証明を不要とした．これは前述のPRAに沿ったものである．

さらに98年8月に再び省令を改正し，27種の病害虫を検疫対象から除外した．こうして，前年4月実施分を含め計63種が「非検疫有害動植物」に認定されたのである．

なお，米国とEUは，検疫で有害動植物が発見されても，一定量まではくん蒸なしでの輸入を認めるようにわが国に要求している．またEUは，地中海ミバエ発生国からのかんきつ類の輸入禁止措置に対し，発生国であっても生存しない地域からの輸入継続を求めている．

このような諸外国からの要求を唯々諾々と受け入れていくならば，植物防疫はますます形骸化していかざるを得ない．各国・地域は自然条件を異にしており，存在する植物も病害虫も違う．これを一律な国際基準でハーモナイゼーションすること自体，自然の摂理に背くものである．貿易の論理こそ規制されなければならない．

(4) 動物検疫と動物用薬品規制の緩和

動物および畜産物の輸入検疫は，家畜伝染病予防法（1951年）によって，家畜の伝染性疾病の発生予防とまん延防止を目的に実施されている．動物の輸入できる港は省令によって指定されており，指定港に到着した動物については，ただちに家畜防疫官による臨船検査を受け，輸出国政府発行の検査証明書や疾病の有無等の確認がなされなければならない．確認を受けた動物に

については,動物検疫所または指定された検査場所に送られ,一定の係留期間中に臨床検査,血清反応検査,病理学的検査等の精密検査が行われる.

現在,輸入検疫が実施されている動物は,牛,豚,馬,犬,初生ひな,等である.とくに最近では,肥育用素牛など牛の検疫の増加が著しい.

また,畜産物については,輸出国政府発行の検査証明書等に基づいた書類検査,および現物検査が行われている.対象となる畜産物は,牛肉,ハム,ソーセージ,ベーコン等の肉類,および骨類,臓器,卵類,皮類などであるが,最近では輸入が増加している肉類の検査が非常に多い[4].

動物および畜産物いずれにおいても,特定の地域から発送されるか,その地域を経由した指定検疫物は,輸入が禁止されている.

現場で検疫業務に従事するのは国家公務員の家畜防疫官である.この現員は,動物および畜産物の輸入数量の増大にともなって増加し,67年の109名が90年では244名となっている[5].

前節でも紹介した総務庁行政監察局の勧告(92年5月)では,動物検疫について,検査の合理化,迅速化,受検者の管理コスト低減等の観点から,次の諸点の改善を求めている.

a) 動物検疫所が実施しているハム,ソーセージ等の肉加工品および骨皮毛類等の輸入検査については,汚染地域[6]から輸入されたものに係わる検査を除き,原則として書類検査で行うこととし,必要に応じ抜き打ち検査等を実施することによって,個別の申請ごとに行う現物確認,現物検査は省略する.

b) 清浄地域から輸入されると畜場直行牛[7]で,輸出国との間に家畜衛生条件が取り決められている牛のけい留検査については,その簡略化を図るとともに,所要の条件整備が整ったものについては将来的に省略する方向で検討する.

c) 動物検疫所が実施している初生ひなの最終検査については,中間検査等において死廃等の異常が認められない場合は家畜防疫官が自ら行う現場検査を省略する[8].

動物検疫に関する上記の緩和は，国民の健康および国内畜産業の保護という視点からすると非常に問題が多い．だが，前年の91年1月に同じ総務庁行政監察局が行った「動物用医薬品等に関する行政監察」[9]は，全体として立ち遅れているわが国の食品安全行政の積極化を求めるものとなっている．

この行政監察では，動物用医薬品[10]，飼料添加物[11]，並びに農薬[12]が使用された国内産農水産物および輸入農水産物の安全性確保のための制度およびその運営の実態等の調査を行い，農水省および厚生省に次のような改善勧告を行っている．

a) 人体への安全確保を図る観点から，現在規制対象になっていない養殖水産物を規制対象とするよう見直しを行い，関係医薬品の使用基準を定める．

b) 生産段階（収卵施設，養殖場等）における動物用医薬品および抗菌性飼料添加物の残留検査を充実する．

c) ポストハーベスト農薬および合成ホルモンに関する「規格基準」[13]を設定する．

d) 「食品残留農薬基準」[14]の対象作物と農薬を追加する．

e) 残留農薬および残留抗菌性物質に係わる食品衛生検査の確実な実施を図る．

このように91年当初の行政監察は，c)を除き国民の安全を確保する視点に基づく改善勧告を含むものであった．もとより，新たに設定される基準が安全性を第1にしたものになることが前提であるが．だが，94年4月のSPS協定締結を契機に，わが国の食品安全行政は国際基準とのハーモナイゼーションを求められ，95年7月の食品衛生調査会（厚生大臣の諮問機関）では，動物用の抗生物質，合成抗菌剤，寄生虫駆除剤，合成ホルモン剤の残留基準値を，すべてコーデックス委員会が定めた国際基準に準じて定めるとした答申を行い，これに従って95年12月に11物質の基準値が設定された．

抗生物質と合成抗菌剤については，従来わが国では，いっさいの残留を認めておらず，使用する場合でも，出荷前に「休薬期間」を設けることによって，出荷時点では残留しないように指導してきた．合成ホルモン剤について

も，牛の肥育促進に効果があるといわれているが，わが国では安全性の疑いから使用を認めていない．天然ホルモン剤2品目は認めているが，実際には使われていないようである．

この点からすると，抗生物質，合成抗菌剤，合成ホルモン剤を含む11物質の基準値の設定は，外圧に屈服してわが国の食品安全行政の改悪をはかるものといわなければならない．

3. 食品の品質基準と表示規制

(1) JAS法と規格・品質基準

食料・農産物の品質基準に基づく表示規制は，農林水産省と厚生省がそれぞれ所管の法律によって行っている．

まず農水省関係では，1970年に農林物資規格化法（1950年）を廃止して制定した「農林物資の規格化及び品質表示の適正化に関する法律」（JAS法）がある．これは，日本農林規格（JAS規格）とメーカー向けの品質表示基準を設定しこれを普及することによって，一般消費者の選択に資することを目的とした法律である．

JAS法は93年に改正され，「特定JAS規格」が追加された．従来のJAS規格は，製品の規格と表示基準を定めた，いわば「製品JAS」であったが，「特定JAS」は生産や製造過程を規格化してその特徴を表示する，いわば「作り方JAS」である．その例として，「熟成ハム」「地鶏」「有機農産物」などが挙げられている．

99年現在，JAS規格は「特定JAS」を含め355品目に達している．また，メーカー向けの品質表示基準は，ハム・ソーセージなどの畜産食品，水産食品，野菜・果物加工品，即席めん類，みそ，しょうゆ，食用植物油脂など64品目（輸入の多い野菜9品目を含む）に及び，家庭用消費される大部分の加工食品と一部の輸入野菜が対象になっている．これらの食品で製造販売業者がJASの認定と表示を行う場合には，農水省が指定する登録格付機関で

認定を受けなければならない.例えばハム・ソーセージのJAS登録は,社団法人日本食肉加工協会が行っている.

(2) 行政指導による品質・表示規制

農水省は,JAS法以外でも食料・農産物の品質表示に関して各種の規制を行ってきた.消費者という立場でとくに注目しておいてよい表示規制に,原産地表示と「有機農産物のガイドライン」がある.

1) 原産地表示規制

輸入品の増加とともに,わが国には「国籍不明」の食料があふれ,その中には安全性で問題のあるものも存在する.とくに,家庭でそのまま消費される機会が多い輸入食肉と輸入青果物に関しては,消費者から原産地表示がつよく求められている.

そこで農水省はまず93年10月に「食鶏小売規格」を改正し,鶏肉の原産国表示の行政指導を開始した.さらにイギリスで狂牛病が問題になった96年4月には,食肉卸売・小売業者の団体に対し,畜産局長名で「食肉の原産国表示の徹底」を通達(「食肉小売規格」「食鶏小売規格」の改正)した.また農水省の行政指導によって,同年8月に全国食肉公正取引協議会(全国約2万6000の食肉小売業者が加盟)が,「食肉の表示に関する公正競争規約」を改正し,会員に食肉の原産国表示を義務づけた.こうして,その後,牛肉に関しては大部分の食肉小売店で原産国表示がなされるようになった.だが,豚肉および鶏肉では徹底されていないのが実状である.

青果物では,とくに輸入野菜の増加に対応して,96年9月にブロッコリー,サトイモ,ニンニク,根ショウガ,生シイタケの5品目を対象に原産地表示の行政指導を始めた.98年2月にはさらにゴボウ,アスパラガス,サヤエンドウ,タマネギの4品目の追加がなされ,計9品目が行政指導対象になった.量販店の中には他の品目に広げて原産地表示を行うものも現れ,消費者から歓迎されている.だが,量販店の側では国産品を高く売る手段として,原産国表示を利用している面もある.

2) 有機農産物等のガイドラインの設定

　消費者の関心が高いにもかかわらず表示が混乱している有機農産物等については，92年に農水省が「有機農産物等に係わる青果物等表示ガイドライン」を制定し，93年4月から実施している（青果物のほか豆類，茶などにも適用）．ガイドラインでは，「化学合成農薬及び化学肥料を原則として使用しない栽培方法によって3年以上経過し，かつ堆肥等による土づくりを行った圃場において収穫されたもの」しか，「有機農産物」の表示ができないようになっている．欧米の基準に準じたかなり厳しい規定である．これとは別にガイドラインでは，3年に満たない「転換期間中有機農産物」，当期作で農薬を使わない「無農薬栽培農産物」，農薬の使用量がその地域で慣行的に使われる概ね5割以下の「減農薬栽培農産物」など5種類の基準を設けた．

　だが，この基準では，例えば化学肥料を用いても「無農薬農産物」と表示できたり，農薬の減少程度が不明な「減農薬農産物」が出回る恐れがあるなど問題が多く，消費者はもとより生産者からも批判を受けた．また，有機農産物のような安全な農産物は，本来，生産者と消費者の提携と信頼関係の中で生まれるのが筋であるとの立場から，ガイドラインの設定自体に反対するグループも存在している．

　実際的にも，高温多湿な日本では病害虫の発生は避けられず，雑草も繁茂することから，殺菌剤，殺虫剤，除草剤の使用を全面的に排除することは難しい．産消提携の中でも最低限の農薬・除草剤の使用を認めたものが少なくない．「農薬・化学肥料無使用3年以上」という有機農産物に対するガイドラインの規定は，雨が少なく湿度も低い欧米の基準に従ったものであり，わが国にこの基準を適用すると，これまで真面目に有機農業に取り組んできた農業者の大半の農産物が排除されることになる．その一方で，欧米基準をクリアした「オーガニック食品」の輸入が進み，国内農産物が不利な立場に立たされる恐れがある．

　こうした基本的な問題を含みつつも，農水省は「有機農産物」の基準は変更せず，これ以外の基準を部分的に手直しした「有機農産物及び特別栽培農

産物に係わる表示ガイドライン」を策定し，96年4月から実施した．新基準では，「有機農産物」「転換期間中有機農産物」以外の4種類の従来基準を一括し，「特別栽培農産物」と表示させることによって，消費者の誤認を避けようとしている．97年秋には米麦のガイドラインもつくられ，米では「有機米」「無農薬米」など6種類の基準が設定され，98年産米から実施された．

(3) JAS法の改正

　行政指導としてなされてきた以上の原産地表示と有機農産物等のガイドラインには，法律的根拠がなく，したがって違反があったとしても罰則がない．そのため，農水省はJAS法の改正に着手し，同法案は99年7月の国会で成立した．これに先立ち新農業基本法（食料・農業・農村基本法）が成立したが，同法が新たに打ち出した消費者重視の食料政策の第1弾が，JAS法の改正であるとも言われている．新法は施行規則等を整備し，2000年4月から施行された．

　新JAS法は，食料・農産物の表示の充実と規格の国際的調和を特徴としている．具体的な改正点をコメントをつけながら述べれば，次のごとくである．

　第1に，有機食品の検査・認証制度を法制化したことである．これにより「熟成ハム」「地鶏」とともに「有機」農産物・食品が「特定JAS」の対象となる．「有機」の認証を行うのは国の認可を受けた「登録認定機関」だが，都道府県のほか，条件が整えば民間の団体も認証機関になれる．こうして，巷に氾濫する「有機」まがいの食品は法律によって規制され，国に登録した認証機関の認定を受けた農産物・食品のみが「有機」の表示ができるようになった．この点では一歩前進といえる．だが，「有機」の基準は，前述した「有機農産物等のガイドライン」と同じであり，わが国の「有機農産物」よりは，外国産の「オーガニック食品」がJAS規格の認定を受ける可能性が大である．

　第2に，品質表示基準の対象品目を，消費者向けのすべての飲食料品に拡

大したことである．前述のように，これまでは64品目（うち輸入野菜9品目）に限られていたが，新JAS法によってすべての食品に原材料，内容量，賞味期限などの品質表示が義務づけられることになった．また，青果物，水産物，畜産物を含めたすべての生鮮食料品に，原産地表示が義務づけられた．これは消費者はもとより生産者にとっても画期的なことである．国内の生産者は，原産地表示制度により区別化した販売が可能になるからである．すべての食品が対象になることから，例えばこれまで無表示が許された計画外米の米袋にも精米表示が義務づけられることになる．だが，いかに法制度が整備されたとしても，これを確実に実施し監視する体制がなければ画餅に帰してしまう．「食品品質表示監視員」のような人員の配置とその充実が必要であろう．

　第3に，JAS規格の見直しを少なくても5年に1回行うとしたことである．この場合，国際規格との整合化にポイントがおかれる．SPS協定では，正当な科学的な根拠がないかぎり，国内基準は国際基準に合わせて設定しなけらばならないとしている．わが国の「有機農産物」の基準設定は，この先取りであった[15]．98年8月に果実飲料のJAS規格改正がなされ，果汁100%のみを「ジュース」，果汁10%以上100%未満を「果汁入り飲料」としたが，これも国際基準に合わせたものである．今後，ますます国際食品規格との整合化が求められるものと思われるが，この結果，わが国の食生活を反映した固有な食品規格までが失われる恐れが十分にある．

(4) 遺伝子組み換え食品の表示問題

　96年8月，厚生省は，アメリカの除草剤耐性大豆，害虫抵抗性トウモロコシ，害虫抵抗性バレイショ，カナダの除草剤耐性ナタネなど，遺伝子組み換え（GM：Genetically Modified）作物7品目が，食品衛生法による「安全性評価指針」に沿っているとして認可，農水省もジャガイモを除く上記の6品目を家畜用飼料として認可した．周知のように，GM作物については安全性の問題や，生態系に悪影響を与えるとの指摘があり，EUの一部の国やインド，

ブラジルなどでは栽培自体を禁止し，表示の義務づけは各国に広がっている．GM食品の表示については，コーデックス委員会でも意見が対立している．GM食品の開発先進国であるアメリカ・カナダは「実質的同等性」を理由に表示不要論を主張し，安全性の未確認を盾に表示義務化を要求するEU諸国と対立している．

わが国では，大豆，トウモロコシ，ナタネの大部分を，GM作物開発国であるアメリカ，カナダから輸入している．そのため，消費者の不安はつよく，生協や消費者団体では，とりあえずの措置として，その表示規制を求めて運動してきた．こうした運動と世論の高まりの中で，当初，「実質的同等性」を理由に表示に消極的であった農水省は重い腰を上げ，消費者代表を含む「食品表示問題懇談会遺伝子組み換え食品部会」を開いて検討を進めてきた．その結果，99年8月に農水省は次のような最終案を示し，同部会も了承した

a）栄養素などが従来の食品と同等でないもの（高オレイン酸大豆，同大豆油およびその製品）については，「遺伝子組み換え使用」表示を義務づける．

b）栄養素などは従来の食品と同等であり，加工工程後も組み換えられた遺伝子（DNA），またはこれによって生じたタンパク質が存在するもの（豆腐，大豆，納豆，みそ，煮豆，コーンスナック菓子，ポップコーンなど）については，「組み換え使用」または「組み換え不分別」の表示を義務づけ，使用していない場合は任意で「不使用」と表示できる．

c）従来の食品と同等だが，加工過程で組み換えられたDNA，またはこれによって生じたタンパク質が除去・分解されたもの（しょうゆ，大豆油，コーンフレーク，マッシュポテト，ナタネ油など）については，表示を不要とする．

日本で消費量の多いしょうゆや大豆油を「表示不要」としたのは，加工過程の高温処理や発酵で組み換えDNAや新たなタンパク質（殺虫毒素など）が分解されると判断したためである．ビール，ウイスキー，焼酎などの酒類では米国産のコーンスターチを使う場合があるが，これも発酵などで組み換

えDNAやタンパク質が分解されるとの理由で，表示不要とした．GM作物を飼料にした畜産物も，家畜がDNAやタンパク質を消化してしまうとの理由から，表示の対象から除いた．

　農水省は，この案に沿って省令をつくり，2000年4月の改正JAS法の施行に合わせて告示，1年間の猶予期間を経て，2001年4月から実施した．また，99年中にWTOに通告し，輸入品にも上記の表示を義務づけるようにした．

　世論の後押しがあったとはいえ，農水省がともかくGM食品の表示に踏み切ったことは率直に評価すべきであろう．豆腐，納豆，みそなどわが国の日常生活に欠かせない食品で「不分別」の表示を認めたことについては問題が残る．が，これは消費者の対応いかんによっては，「使用」または「不使用」表示に変更させる手がかりとなる．小規模事業者が多い豆腐や納豆業界では，原料段階からの表示を求める声もつよい．GM大豆が「不分別」であれば，消費者から敬遠される恐れがあるからである．

　しかし，食用植物油脂，しょうゆなどわが国で使用量の多い食品の原料である大豆，およびコーンスターチや飼料の原料であるトウモロコシなどが表示義務から外されたことは重大である．この措置の結果，アメリカから輸入される大豆，トウモロコシのうち「使用」「不分別」の表示を義務づけられるのはわずか1割程度と推測されている[16]．そのため消費者は，「知る権利」も行使できないままGM作物を含む不安な食品，畜産物を強制的に食べさせられることになる．

　技術的には原料段階でのGM作物のDNA検出は可能である．政府や業界がそれに踏み切らないのは，GM表示による輸出減少を恐れるアメリカと，分別・検査にともなうコスト・アップを避けたい食品企業・輸入商社の圧力があるからである．これに対照的なのはEUであり，ここでは食品製造業者に食品分析を義務づけ，遺伝子組み換えのDNAやそれによるタンパク質が検出されれば「組み換え使用」，検出されなければ「不使用」を任意表示するという，きわめて分かりやすい方法を採用している．

(5) 食品等の日付表示規制の変更

　厚生省所管の食品衛生法では，食品等に製造年月日，製造者等の表示を義務づけ，この表示がなければその食品等を販売してはならないとしている．具体的には，食品の日付表示に関しては，包装容器に容れられた加工食品を中心に，製造または加工年月日の表示を義務づけ，輸入品であって製造年月日等が分からないものについては，輸入年月日の表示がなされてきた．

　これは，消費者が製造年月日等の表示を基に，自らその食品の品質保持の期限を判断できるようにするとの趣旨で設けられたものである．だが，その後，無菌充填包装など製造加工技術や低温流通など流通技術の進歩により多種多様な加工食品が出現し，消費者が自ら食品の品質劣化の判断を行うことが困難な食品が増えてきた．こうした事情を背景に，国内の食品メーカーから製造年月日表示等の見直しの要求が高まってきたのである．

　食品の日付表示に関する政府レベルの動きは，第3次行政改革推進審議会が92年12月に出した答申の中で，「食品の日付表示方法については，国際的な動向等を踏まえ，品質保持の期限表示について早急に検討を行う」としたことによって加速された．

　国際的には，FAOとWHOが合同で作成した国際食品規格（コーデックス規格）がある．これでは日付表示として期限表示が採用されており，多くの国ではこれに従っている．

　輸入年月日表示の義務づけについても，欧米からたびたび品質保持期限表示への変更が要求され，92年の日米構造問題協議では，食品の日付表示が非関税障壁として取り上げられた．

　こうして93年5月に「基本的に製造年月日表示に代えて期限表示制度を導入する」との政府の対応方針が決定された．同年8月に発足した細川内閣も，「規制緩和」の検討項目に，期限表示への変更を盛り込んだ．具体的実施案については，厚生省の食品衛生調査会で検討され，期限表示においては，食品の劣化速度に応じて「消費期限」と「品質保持期限」（後者の代替語として「賞味期限」という表示を認める）という2種類の期限表示を導入するこ

とになった．これを受け厚生省は，95年3月に食品衛生法施行規則等（厚生省令）の改正通知を行い，2年間の移行期間を設けて97年4月から実施に移した．農水省においても，同様の趣旨で製造年月日表示を規定した日本農林規格等の一部改正を行った．

こうして，豆腐，総菜，生めんなどいたみやすい食品に「消費期限」（製造日から5日以内），比較的いたみにくい食品に「賞味期限」または「品質保持期限」（牛乳，ハム・ソーセージ，かまぼこなどは6日以上3カ月以内，即席めん，缶詰，びん詰めなどは3カ月以上）が表示されることになった．

食品日付表示における製造年月日表示から期限表示への移行については，一部の消費者団体から反対があった．こうした移行措置は，国内の食品業界や輸出国の側からの要求であって，期限表示の一般化によって消費者は品質が劣化した食品を食べさせられる危険性が増大するというのがその理由である．この言い分はそのとおりである．だが，製造年月日だけが表示され，期限表示がないならば，消費者は自己判断でその食品を保存し，結果的に品質の劣化・腐敗したものを食べてしまう恐れが出てくる．そのため，期限表示も必要である．実際には，生協やスーパー・マーケットでは，包装食品を対象に製造年月日表示と期限表示を自主的に併記して販売しているものが少なくない．

なお，食品衛生法の改正と同時に栄養改善法も改正され，食品の栄養成分表示については，特定成分だけでなく，総カロリー，タンパク質，脂肪，炭水化物，食塩など主要栄養成分の表示を義務づけたことも特記される．

(6) HACCP方式の導入

HACCP方式とはHazard Analysis-Critical Control Point (Ispection) Systemの略語で，日本では「（食品の）危害防止・重要管理点（監視）方式」と訳されている．もともとはアメリカ航空宇宙局（NASA）が，宇宙食の製造工程に導入した方式で，原材料の生産，製造・加工，保存，流通の各段階で発生する恐れのある微生物危害（食中毒など）について調査し，危害を防

除するための監視を行うことにより，食品の安全性等を確保するための計画的な管理方式である．この方式については，93年にコーデックス委員会でHACCPを食品製造に適用するためのガイドラインがつくられて以降，各国で導入の検討がすすめられている．

わが国では，食品衛生法の改正によって，96年5月に日本版HACCPといわれる「総合衛生管理製造過程による製造の認定制度」が施行された．そして，牛乳，乳製品，食肉製品が対象食品に指定され，指定基準の設定がなされた．承認申請の先陣を切ったのは大手の乳製品メーカーで，98年の春までに100工場が承認されている．

また，病原性大腸菌O157による感染症の多発を契機に，厚生省は96年8月，食肉の解体処理に新しい衛生基準を導入することを決めた．その内容は，解体の際に，胃腸内の内容物が枝肉に触れないよう食道と直腸を結束する，使用する刃物などは1頭ごとに洗浄するなどである．厚生省は，将来的にと畜場にHACCP方式を導入する方針であり，同年12月に「と畜場施行規則」（厚生省令）の一部改正を行った．また，97年4月に同規則は再改正され，新たにHACCPに基づく衛生管理基準が施行された．

農水省でも98年9月に決めた「新たな食品流通政策」の中で，食品の製造段階におけるHACCP方式の導入を打ち出している．

今日，HACCP方式は政府のテコ入れのもとに食品大企業を中心に広がりつつある．大企業がこの導入に熱心なのは，製品にHACCP認定工場の表示を行うことによって，製品差別化を図ることができるためである．だが，HACCPによる「安全性の確保」を疑問視する意見もある．例えば久慈力は，「(HACCP方式は）殺菌剤，殺虫剤，添加物，抗生物質などで「危害を制御」しようとするわけですから，確かに，「生物学的危害」は一時的に低下するでしょうが，化学薬品による「化学的危害」は高まり，長期的にみれば，耐性菌の発生で「生物学的危害」も高まるといえます．HACCPシステムは，危害を制御するシステムではなく，危害を助長するシステムなのです．」[17]と言っている．

4. 食生活の差異と食品安全基準の独自性

以上では述べる余裕がなかったが，食品添加物に関してもハーモナイゼーションを根拠に国際基準が押し付けられる恐れがある．国際食品規格では，94年時点で331品目の食品添加物が認められているが，そのうち79品目は日本では認められていないものである．

食生活は民族，国や地域によって異なっており，各食品群の摂取量も違う．そのため，例えば米を主食とする国の「残留農薬基準」は，それを副食とする国のそれと当然違ってよい．食品安全基準については，それが国民の健康に係わるがゆえに，各国の独自性が尊重される必要がある．

各国の安全基準を「貿易障壁」とするアメリカにおいても，97年にメキシコ産イチゴによるA型肝炎汚染，メキシコ産メロンやタイのココナッツミルクなどによる食中毒の発生，牛肉のO157汚染などが相次いで発生し，当時のクリントン大統領は，60年ぶりに食品安全基準の見直しを行うことを表明した．食肉では，アメリカの安全基準に達しない国からの輸入を禁止する措置があるが，これを果実や野菜の輸入にも拡大しようとしたのである[18]．また，O157などによる食肉汚染を防止するため，「連邦食肉衛生基準」（1907年制定）も約90年ぶりに改正強化された．

アメリカのみが「国民の健康優先」で独自基準を強化し，他国に対しては「貿易優先」で規制緩和とハーモナイゼーションを求めるような身勝手は許されるものではない．WTO次期交渉は，EUやアジア諸国等と連帯し，SPS協定の改正を実現するものでなくては意味がない．

注
1) 厚生省『輸入食品監視統計』から．重複があるため合計は100％を超える．
2) 以上の数字は，総務庁行政監察局「動植物検疫の現状と問題点」（大蔵省印刷局，1991年）を参照した．
3) 同上，19ページ．
4) 輸入鶏肉については，90年6月に「食鳥処理の事業の規制および食鳥検査に関

する法律」が公布され，輸出国の公的機関が発行する衛生証明書を添付することが義務づけられた．また，国内産鶏肉については92年4月から食鳥検査が実施されるようになり，と殺解体時に全量検査している．
5) 総務庁行政監察局前掲書，137ページ．
6) 「家畜伝染病予防法」の施行規則では，相当期間にわたって口蹄疫等悪性伝染病の発生がなく，防疫体制も整備されていて，悪性伝染病が発生する恐れがきわめて少ないと考えられる地域を「清浄地域」とし，90年現在，23地域がこれに区分されている．これに対し原則として輸入が禁止される「汚染地域」は146地域に及ぶ（同上，151ページ）．
7) 生体で輸入される牛，豚など偶蹄類の動物については，通常15日間の検査が行われる．このうち，けい留施設での検査後直ちにと畜場に輸送され，解体される牛をと畜場直行牛と呼んでおり，これらの中で，清浄地域から輸入され，かつ輸出国との間に家畜衛生条件が決められているものについては，そのけい留期間が5日間まで短縮されている．
8) 輸入される初生ひなについては，指定検査場所において14日間のけい留検査が行われる．この検査は，検査場所到着後1週間後に行われる中間検査（都道府県家畜保健衛生所に協力依頼して行われている）と，けい留期間の最終日に家畜防疫官が行う検査の2段階で行われる．
9) この監察結果については，総務庁行政監察局編『動物用医薬品，飼料及び農薬の安全使用等の確保を目指して』（大蔵省印刷局，1991年）として公表されている．
10) 動物用医薬品については，薬事法，動物医薬品等取締規則等により各種の規制がなされている．
11) 抗生物質，抗菌剤等の飼料添加物については，「飼料の安全性の確保及び品質の改善に関する法律」（1975年）によって，使用できる飼料添加物と，使用期間を設定している．さらに搾乳中の牛，産卵中の鶏，と殺前7日間の牛（6カ月を越えた肥育牛を除く），豚，鶏に対しては抗菌剤等の飼料添加物を含む飼料の給餌を禁止している．
12) 農薬取締法（1948年）によって，登録された農薬でないと販売できないことになっている．また製造，販売，使用基準についても各種の規制がある．
13) 検疫所においてなされる輸入食品の農薬等の残留検査は，食品衛生法（1947年）に基づく「食品，添加物等の規格基準」に従っている．この基準では，a. 食品残留農薬基準を超えて農薬が残留してはならない，b. 食品には抗生物質が含有されてはならない，c. 食肉，食鳥卵および魚介類には化学的合成品たる抗菌性物質が含有されてはならない，等としている．国内では，保健所に食品衛生監視員が配置され，同規格基準との適合性を検査している．また，食肉については，と畜場に食肉衛生検査所を併設し，抗菌性物質の含有の有無を検査している．
14) 90年現在，米，果実，野菜など53の農産物を対象に26農薬について「食品残

留農薬基準」が定められている（総務庁行政監察局編『動物用医薬品，飼料及び農薬の安全使用等の確保を目指して』114ページ）．
15) 99年7月，コーデックス委員会は，「農薬・化学肥料無使用3年以上」とした有機農産物の国際規格を正式に決定した．なお，同委員会における議論の結果，遺伝子組み換え作物，放射線照射農産物は「有機農産物」に含めないこととされた．
16) 日本農業新聞，1999年7月26日付．
17) 久慈力『食品汚染とHACCP』（三一書房，1998年）61ページ．HACCPに関する記述も同書を参考にした．
18) 日本農業新聞，1998年4月6日付．

第6章　食糧法の問題点と本質

1. 食糧管理法から食糧法へ

　1995年11月，食糧管理法（以下，食管法と呼ぶ）の廃止と引換えに，「主要食糧の需給及び価格の安定に関する法律」（以下，食糧法と呼ぶ）が施行された．食糧法は，従来の食管法が有していた国家による管理システムを大きく後退させ，米の需給と価格，および流通を基本的に市場原理に委ねている．その結果，食糧法施行後，早くも2年目にして米過剰が深刻化し，生産者の手取り米価が大きく低下するとともに，食管法時代に存在していた流通秩序も大きく乱れ，既存の卸小売業者，小売業者，さらには出荷取扱業者としての農協組織の経営危機が深まっている．本章は食糧法システム（政省令を含む）の法的特徴および同法施行後に発生している問題点を指摘することを通じて，同法の本質に接近することを課題とする．

2. 食糧法の目的と基本方針

　食糧法は，「主要な食糧である米穀及び麦が主食としての役割を果たし，かつ，重要な農産物としての地位を占めていることにかんがみ，米穀の生産者から消費者までの計画的な流通を確保するための措置並びに政府による主要食糧の買入れ，輸入及び売渡しの措置を総合的に講ずることにより，主要食糧の需給及び価格の安定を図り，もって国民生活と国民経済の安定に資す

ることを目的」(第1条) としている.

　ひとことで言えば,「主要食糧の需給及び価格の安定を図る」ことが法の目的である. この目的のために政府が行う措置 (基本方針) については法第2条に述べられているが, 箇条書き的に整理すると, ①米穀の需給の適確な見通しの策定, ②生産調整の円滑な推進, ③備蓄の機動的な運営, ④米穀の適正かつ円滑な流通の確保, ⑤米穀の適切な政府買入れ, 輸入及び売渡し, となる. このうち④については, 第1条 (目的) にある「生産者から消費者までの計画的な流通を確保するための措置」(計画流通米の安定確保) とイコールと考えてよいだろう.

　ところで, 食糧法第1条の目的を是認するとしても, 「政府が行う」とされる以上5つの「基本方針」は不十分である. だが, この点はいまは問わないとしても, 「需給及び価格の安定を図る」とした食糧法の「目的」と「基本方針」の枠内でも, いくつかの重大な問題点を指摘できる. それは, 「需給調整の困難」「価格安定の困難」「流通の混乱」という表現で総括できる. 具体的には以下のようである.

3. 需給調整の困難

(1) 計画外米等の量的変動と計画出荷米確保の困難

　周知のように, 食管法では, 米穀の生産者は政府への売渡義務が課せられていた. 1969年から導入された自主流通米については, 「政府買入基準数量」からの控除として扱われることによって, 全体として生産者の政府売渡義務の規定が維持されてきた. しかし, 食糧法では生産者の政府への売渡義務はなくなり, 計画出荷米または計画外出荷米 (以下, 計画外米と呼ぶ) として, 基本的には生産者の自由選択によって出荷できるようになった. このうち計画出荷米は, 政府が米穀生産者ごとに定める「計画出荷基準数量」の限度内で, 多くは生産者が第1種登録出荷取扱業者との間で結ぶ出荷契約に従って, 計画的に出荷される米である. 計画出荷米には自主流通米と政府米が含まれ

るが，後者は通常，備蓄用の米として政府が買い入れるものであり，その量には制限があることから，計画出荷米の大宗は自主流通米となる．

次に，計画外米については，法律は，「米穀の生産者は，その生産した米穀で計画出荷米以外のものを売り渡す場合には，農林水産省令で定めるところにより，あらかじめ，当該売渡しに係わる数量を農林水産大臣に届け出なければならない」（第5条5）として，その存在を間接的に認めている．この場合の「届け出」は生産者の義務的事項であり，これを行わなければ「10万円以下の過料」に処せられる（法第92条2）．したがって，生産者が農林水産大臣（具体的には所轄の食糧事務所）に「計画外米」としての届け出を行わないで，「計画出荷米」以外の米の売渡行為を行った場合，その米は「不正規流通米」となり罰則の対象になる．

食糧法下でも，食管法時代と同様，そうした法の規制を逃れた米の発生は避けられない．したがって，現実の米出荷は，「計画出荷米」「計画外米」「不正規流通米」（自由米）の3形態が混在することになる．

問題となるのは，「計画出荷米」以外の米の量が不定で，主に自由米価格の動向に影響を受け，出荷量が変動することである．また，法律では生産者による「計画出荷基準数量」の変更を認めており，いったん「計画出荷米」として出荷契約された米が，自由米価格の上昇に影響されて，「計画外米」や「自由米」に流れる可能性が存在する．

このように，食糧法は生産者の政府への売渡義務を外し，いわゆる「売る自由」を認めたことから，「計画外米」や「自由米」といった，政府や出荷団体の規制を受けず，価格いかんによって出荷量が変動する米の発生が避けられなくなった．その結果，「計画出荷米」自体の量的変動が常態化することによって，全体供給量の調整がより困難になったといえる．

(2) 生産調整非協力農家の発生と生産調整の困難

一般のマスコミは，食糧法によって生産者の「つくる自由」が認められたと喧伝している．だが，「つくる自由」を「生産調整（減反）をしない自由」

と解するならば，食糧法はそうなってはいない．法第2条では，「米穀の需給の適確な見通しを策定し，これに基づき，計画的にかつ整合性をもって，米穀の需給の均衡を図るための生産調整の円滑な推進」を，政府が「行う」としている．だが，食糧法では，生産調整の定義（第3条2）がなされているだけで，生産調整に対する生産者や生産者団体・出荷業者の係わりについては何も触れていない．したがって，法律だけでは，「減反をしない自由」や「生産調整の選択制」が認められたかどうかは明らかではない．

しかし，食糧法の骨格を示したとされる1994年8月の農政審答申（「新たな国際環境に対応した農政の展開方向」）では，「生産者の自主的判断に基づいて生産調整が実施されるようにする」と明確に述べられていた．そして，法律には明記がないが，政省令では生産調整の実施手続きが述べられ，生産調整対象水田面積の決定過程での「農業者の動向の参酌」「農業者の意向の参酌」が，確かにうたわれている．

だが注意を要するのは，こうした「農業者の動向・意向の参酌」は，「農業者の組織する団体等が米穀の生産調整の円滑な推進を図るために行う活動の状況を踏まえて行う」（「施行規則」第1条）とされていることである．すなわち，「農業者の動向・意向の参酌」を行う主体は，「農業者の組織する団体」（実際は農協組織）であって，政府や地方自治体ではない．しかも，国全体の生産調整目標面積は「基本計画」に基づいて政府が決定する点は従来と変わりがないわけだから，農協組織は，政府が上から生産調整目標面積を割り当てる過程での，農業者の不満の"ガス抜き"と組織内の調整に利用されていることになる．「生産者の自主的判断」や「農業者の動向・意向の参酌」という言葉は，生産調整の上意下達的本質を覆い隠す"イチジクの葉"と言われても仕方がない．

だが，生産調整に関する食糧法と政省令の内容がどうあれ，現実に「つくる自由」を主張し，農協組織の説得を無視して，減反拒否に走る生産者が発生することは，現下の情勢では避けられない．食糧法に対するマスコミの意図的な報道は，こうした動きに拍車をかけている．計画的生産の困難と過剰

生産の可能性は，食糧法下で明らかに高まったのである．

　また，食糧法第5条2では「生産調整実施者のみからの政府買入れ」を明記しているが，これを逆に読むと，生産者が政府買入れを望まなければ，生産調整を実施しなくてもよいことになる．政府買入価格が再生産を保障する上で十分な水準にあるならば，生産者にとっては生産調整実施の経済的誘因になるが，そうでないならば，生産調整を行わず，自由作付けに走るものが生まれることは避けられない．

　以上，生産調整の円滑な実施を妨げる要因を食糧法の中からみてきたが，95年11月に決定した「新生産調整推進対策」(1996〜98年度)では，いわゆる自主流通米助成金(60kg当たり最大1,140円)の交付対象を生産調整実施者に限定した．これは，自主流通米価格が低迷した状況の中では，生産調整参加への一定の誘導措置になる．この措置は，生産調整未実施農家の発生に危機感を抱いた農業団体の運動の成果であり，農業者の行う「とも補償」への助成とともに，政府による一定の譲歩と理解される．

　また，97年産米については，農業団体の要求を一部受け入れて，転作推進と未実施者との公平確保をねらいとした総額100億円の「米需給調整特別対策」が実施されることになった．これは同年産の政府買入価格の引下げ(対前年1.1％)の代償措置としての意味合いもあり，わずかの金額ではあるが生産調整参加農家に均霑される．

(3) 自主流通法人による備蓄・調整保管の限界

　食糧法第29条は，自主流通法人の業務として，自主流通計画に従って，第1に登録出荷取扱業者から売渡し等を受けた自主流通米を「登録卸売業者その他政令で定める者に売り渡す」こと，第2に「備蓄及び調整保管を行う」ことを挙げている．

　第2の業務は，食糧法によって初めて自主流通法人に課せられた業務である．「備蓄」は，「米穀の生産量の減少によりその供給が不足する事態に備え，必要な数量の米穀を在庫として保有すること」(法第3条)をいい，「調整保

管」は、「米穀の生産量の増大による供給の過剰に対応して必要な数量の米穀を在庫として保有すること」（同第29条）をいう．「在庫の保有」という点では両者に共通するが、その目的は正反対である．「備蓄」は、供給不足に備えるものであり、「調整保管」は、「供給過剰」に対応するものである．

だが、需給調整という視点からみると、両者とも「価格安定化のための在庫保有」であり、一定量の在庫保有は、消費者に米を安定供給するうえでも必要不可欠な手段である．問題は、一定量の米を一定期間、在庫保有する結果として生ずる保管料・金利の増嵩分、さらには品質劣化（または古米化）による売渡価格の低下分を、誰が負担するかという点にある．

食管法によって全量政府米として買入れ・売渡しを行っていた時代には、政府が在庫保有に伴う費用を負担していたことは言うまでもない．食糧法では、それらの費用負担は明確ではない．しかし、法第2条（基本方針）では、「需給及び価格の安定を図るために政府が行うこと」の1つに、「米穀の供給が不足する事態に備えた備蓄の機動的な運営」を上げている．このように、食糧法では「備蓄」を政府の責任とし、さらに「米穀の備蓄の円滑な運営を図るため」の政府買入れ（法第59条）を明文化しているのである．法がこのように規定している以上、備蓄のための費用は当然、政府が負担しなくてはならない．現に政府米については、政府自身が備蓄の主体になることによって、その費用を負担しているのである．

だが、前述したように、自主流通米については、自主流通法人に「備蓄」の業務を課している．これは第2条の「基本方針」からみれば矛盾したことになるが、流通する米の大部分が通常は自主流通米になる以上、自主流通法人も「備蓄」を行わなくては、十分な備蓄量を確保できないであろう．だが、自主流通法人が「備蓄」を業務として行うからといって、その費用を同法人が負担する理由はない．法自体が「備蓄」についての政府の責任を明示している以上、たとえ民間団体が「備蓄」を実施したとしても、その費用については政府が負担する義務があるといえよう．

次に「調整保管」であるが、これについて法は、前述のごとく自主流通法

第6章　食糧法の問題点と本質

人の業務の1つとして挙げているだけで，政府の責任には触れていない．ただし，事務次官通達（1995年11月）では，「米穀の調整保管については，一定の幅における政府による備蓄数量の積増しと適切に関連付けて実施する」としている．この意味合いは定かではない．が，同じ通達で，備蓄量については，「これまでの不作の経験等を考慮して，政府及び自主流通法人により，合計150万トンを確保することを基本とし，豊作等による需給変動にも機動的に対応し得るよう，一定の幅をもって運用することとする」としている．

　この一文では，自主流通法人による「調整保管」については，豊作に伴う保有在庫の増大に対処するものとして位置づけているように思われる．しかし，「調整保管」といっても，米の在庫保有である点では変わりがない．それは，広くは「備蓄」の一部である．調整保管について，「政府による備蓄数量の積増しと適切に関連付けて実施する」とした先の事務次官通達は，この点を間接的に認めたことになる．とすると，「調整保管」を自主流通法人の業務とすることを認めたとしても，その費用（保管料・金利の贈嵩分，古米化に伴う価格の低下分）については，政府の備蓄責任と同様に考え，財政によって負担するのが妥当である．

　実際，96年度政府予算では，「自主流通米備蓄・調整保管関連対策費」として111億円が計上され，97年度には144億円に増額された．だが，民間の備蓄・調整保管の初年度（96年産米）において，その量は60万トンに拡大，価格差補填水準も政府米の値引き販売等で60kg当たり4,000円に達することが予想された．その結果，96年産自主流通米の備蓄・調整保管費用だけで400億円が必要であり，上述の予算措置ではまったく不足することになる．JAグループでは，「米需給調整基金」として，生産者に自主流通米販売価格の1%の拠出を求め，総額144億円を確保したが，それでも260億円近くが不足であり，政府の予算措置を要求した．

　政府の予算措置が得られなければ，生産者の拠出金をさらに増額して対応せざるを得ない．しかし，生産者の間には，備蓄・調整保管のための必要経費を，計画出荷米の出荷者のみによってかぶることに強い抵抗がある．その

ため, 計画出荷米の出荷契約が思うように進まない事態も予想される. この場合も, その帰結は出荷団体による供給調整の困難となって現われる.

(4) ミニマムアクセスによる輸入の段階的増加

次に米の需給調整には絶対に欠かせない, 貿易管理について, 食糧法の規定をみてみよう. この点では, 政府が, 米穀等 (米の加工・調整品を含む) の輸入を目的とした買入れができること, 米穀の輸出入を行おうとする場合には, 政府の許可を必要とし, また, 輸入した米穀については, その全量を政府に売り渡さなければならないことなど, 食糧法は基本的に食管法の内容を引き継いでいる. だが, 麦類については政府の輸入許可の対象から除外され, 関税相当量 (内外価格差などから設定された関税) を支払えば誰でも輸入できるように変更された. さらに, 次の2点は食管法からの重大な変化である.

第1は, 輸入米の政府売渡価格に対して, 政府買入価格に加えることができるのは, 国際約束に従った, いわゆるマークアップの上限 (kg当たり292円) とされ, 法律上, これを超えて価格設定ができないことになった. すなわち, 国家貿易と言いながら, 輸入米の政府売渡価格に国際的な制約が加えられたのである.

第2に, 米穀等の輸入業者および卸売業者が連名で政府に申し込む, いわゆる売買同時入札方式 (Simultaneous Buy and Sale: SBS) を認め, これによる輸入については, 政府による取引価格の関与がなされなくなったことである.

上述の変化は, 政府による米の貿易管理の後退につながるものである. 加えて, 関税化の特例措置として日本政府が受け入れた米のミニマムアクセス (以下, MA) の結果, 精米ベースで初年度 (1995年) 379千トン, 6年後 (2000年) 758千トンの米が日本に輸入されることになる. こうした輸入の段階的増加が, 米の供給過剰を強める要因として作用することは明らかである.

もっとも, 輸入米の政府売買にあたっては, 前述のようなマークアップが

認められているので，これを機動的に活用すれば，輸入抑止に一定の効果がある．しかし，MAが国際約束であること，さらに輸入米の買い手である卸売業者や量販店の低価格仕入れ志向などを考えるならば，政府が輸入抑制のための措置を取ることには難しさがある．また，MA米の約1割はSBSによる輸入となっており，これについては売買価格の決定権が事実上，輸入業者と実需者にあることから，政府売渡価格の低下に促進的に作用することになろう．

ともあれ，MA米が，国内市場における米供給圧力を確実に高めていき，それが国産米の過剰と価格低下の要因になることは必至である．

(5) 回転備蓄方式と恒常的米過剰

前述のように食糧法では，「備蓄の円滑な運営を図るため」に，生産者（ただし，生産調整実施者に限る）または生産者から委託を受けた者からの申込みに応じて，米穀の買入れを行うことになっている．その上で，「備蓄に係る米穀は，1年間保管後，主食用，加工用，援助用等に売り渡すことを基本とする」（事務次官通達）．すなわち，回転備蓄の考えで備蓄米の処理を行うことを原則としているのである．備蓄に伴う損失は，食糧管理特別会計法および同法施行令によって，食糧管理特別会計の国内米管理勘定によって処理される．

ところで，1年間保管後の米穀は古米なわけだから，主食用として売却しようとすれば，新米より安く売渡価格を設定しなければならない．現に食糧庁は，97年1月以降，政府古米，古々米の売渡価格を二度にわたって引き下げただけでなく，「見積り合せ売却」という名の安値入札を毎月のように行っている．在庫減らしのための，政府米の安売り攻勢である．しかし，そのようなことを行うと，自主流通米の販売に影響がでる．事実，政府米の「見積り合せ売却」が頻繁に行われるようになって以降，低価格帯の自主流通米銘柄を中心に販売実績が大きく落ち込み，自主流通米の価格低下と売れ残り現象が顕在化してきている．また，消費者は新米が大量にあるにもかかわら

ず，古米，古々米の消化を強いられる．

　こうした問題のある事態を解消するためには，現在の回転備蓄方式をやめ，棚上備蓄方式に改める必要がある．棚上備蓄方式とは，1年間保管後の古米は，主食用としての売渡しをしないで，すべて加工用，飼料用，海外援助用等に回す方式である．消費者からみれば，主食用の米は常に新米で供給されることになる．

　政府は財政負担を理由に，現在の回転備蓄方式を変えようとしていない．だが，この備蓄方式を続けるかぎり，主食向けの米市場は恒常的に過剰を抱えざるを得ず，需給調整はそれだけ困難になる．

4. 価格安定化の困難

(1) 政府買入価格における自主流通米価格動向の反映

　食管制度の下では食管法の規定に基づき，政府米の買入価格については「再生産確保」，売渡価格については「消費者家計の安定」を旨として，政府によって決められていた．だが，食糧法では，政府買入価格については，「自主流通米の価格の動向その他の米穀の需要及び供給の動向を反映させるほか」「生産条件及び物価その他の経済事情を参酌し，米穀の再生産を確保することを旨として定める」（第59条2）ことになった．区切りを入れた前半は食管法にはなく，食糧法で新たに加えられたものである．ここから明らかなように，食糧法における政府買入価格の設定は，より市場原理が生かされた形でなされることになる．とくに政府買入価格の設定において，自主流通米価格の動向を反映させることが法に規定されたことは，今後，政府買入価格が市場実勢の影響を受けて変動する時代になったことを意味する．

　　＊　政府買入価格の新算定方式は次のごとくである．
　　①自主流通米価格形成センターにおけるすべての上場銘柄の指標価格の加重平均値の移動3カ年平均の比較から，自主流通米価格の変動率を計算，②米生産費調査の米販売農家の全算入生産費に基づく移動3カ年平均の比較から，生産コ

スト等の変動率を計算．そのうえで次の式で算定．
　当該年の買入価格＝前年産の買入価格×[①×0.5＋②×0.5]

(2) 自主流通米入札取引における規制緩和

　食管法時代における自主流通米の価格設定は，当初から売り手である指定法人（全農，全集連）と卸売業者との間の交渉によってなされてきた．だが，毎年の価格設定においては，自主流通米集荷の約95％のシェアを有する全農のイニシアティブが強く働き，長らく政府買入価格プラスアルファの水準で，しかも年間1本の価格で設定されてきた．こうした値決方式は，1980年代末以降，次第に需給実勢を反映させる方式に変えられてきた．90年には「自主流通米価格形成機構」が設置され，それ以降の自主流通米の取引価格は，同機構が開設する入札取引と，それらの入札価格を指標価格とした相対取引によって決められるようになった．しかし，食管法の時代では，自主流通米の価格下落に対する事実上の歯止めとして，政府売渡価格の存在があった．また，自主流通米の入札価格自体にも，基準価格比増減7％（業務規程では10％），前回指標価格比増減5％の値幅制限があり，大きな価格変動を回避する仕組みがつくられていた．

　食糧法の下での自主流通米の価格形成については，政府が指定した民法法人である自主流通米価格形成センターで行われる「入札の方法による売買取引」（入札取引）を通じてなされることが，法に明記されている（食糧法第48条，第52条）．入札取引の具体的な方法については，自主流通米価格形成センターの「業務規程」（農林水産大臣の認可が必要）に定められている．

　この「業務規程」はセンターの運営委員会によって毎年，部分修正がなされてきたが，97年産米の入札取引から，次のような大幅な改変がなされた．

　a）値幅制限の拡大

　「自主流通米価格形成機構」の設立以来つづいていた「7％」の値幅制限を，銘柄によっては最大「13％」まで拡大したことである．まず年内の入札では，指標価格（加重平均価格）が，基準価格に対して上下9.5％以上に張り付い

た銘柄は，次回の入札で年間値幅制限を上下にさらに1.5%拡大，値幅制限を11.5%にする．さらに，その後の入札で指標価格が基準価格対比で11%以上になると，年間値幅制限を再び1.5%拡大して，13%にする．拡大された値幅制限は，年明け後の入札でも継続される．従来あった前回入札に対する値幅制限（指標価格の上下5%）は，年内の入札では廃止され，年明け後の入札のみに適用される．

　b）基準価格における直近価格動向の反映

入札のベースとなる基準価格は，前年産の入札における最終3回の指標価格の平均値とし，できるだけ直近の価格動向を反映したものにする．この変更によって，従来なされてきた年産ごとの基準価格の操作（例えば3カ年の指標価格の加重平均値をとるなど）はできなくなる．

　c）入札上場数量の拡大

従来の自主流通米全量の4分の1を，3分の1以上に拡大し，それだけ自主流通米の取引を透明性の高いものにする．

　d）入札参加範囲の拡大

売り手については，従来の自主流通法人，第2種出荷取扱業者に加え，第1種出荷取扱業者に参加の道を開く（地区区分銘柄の上場のケースなど）．買い手については，従来の登録卸売業者に加え，年間玄米購入数量4,000トン以上の小売業者については入札に参加できるようにする．ただし，入札においては小売業者の専用枠を設け，卸売業者のそれと区別する．

　e）備蓄・調整保管米（古米）の入札

当年産米の入札と同時に，前年産の備蓄・調整保管米（自主流通米）の入札を行う．

　f）入札回数の増加

それまでの年8回を，年内は毎月1回以上，年明けは2カ月に1回以上に増加．また，準備が出来次第，東京・大阪の同時入札を実施．

以上の「業務規程」の変更は，表向き食糧庁長官の私的検討会である「自主流通米取引に関する検討会」（座長・岸康彦・前日本経済新聞論説委員）の報

告を受けた形をとっている．だが，自主流通米価格形成センターにおける入札取引についてその規制を緩和し，価格形成に一層の市場原理を導入することについては，97年6月に論点が公開された政府の行政改革委員会・規制緩和小委員会の中でも強く求められていたものである．

ともあれ，97年産自主流通米の入札から取り入れられた取引方式の改変，とりわけ値幅制限の拡大と，基準価格における直近価格の反映は，当面する自主流通米の需給と価格動向の中では，入札価格を大きく引き下げ，農家手取りに壊滅的な影響を与えることが危惧される．

また，入札参加範囲の拡大についても問題が伏在している．食糧法およびその施行令によって，自主流通米価格形成センターの売り手として，自主流通法人，第2種出荷取扱業者に加え，新たに第1種出荷取扱業者の参入が認められた．また，買い手としては，登録卸売業者や卸売業者団体に加え，新たに「登録小売業者であって，計画流通米の年間買受見込数量が農林水産省令で定める数量以上であると認められるもの」の参入が認められるようになった．今回の業務規程の改正で，新規参入者の範囲が具体的になったわけである．自主流通米の価格形成において問題となるのは，「年間玄米購入数量4,000トン以上」の大型小売業者，とりわけ全国チェーンの量販店の入札参加である．食糧法の施行を契機に，量販店は取引卸売業者の絞り込みを行っており，その一方で卸売業者間の過当競争と量販店への納入価格の引下げが進んでいる．こうした状況下で，量販店が自主流通米の入札に参加するならば，卸売業者の納入価格の引下げがさらに迫られ，場合によっては経営的に卸売業者の存続が難しくなる事態が予想される．

なお，この時の業務規程の改正にはないが，すでに進められている地区区分上場についても，自主流通米の価格形成に少なからぬ影響を与えよう．1995年産米の第1回入札から「新潟コシヒカリ」とは別に「魚沼コシヒカリ」「岩船コシヒカリ」が，96年4月入札から「佐渡コシヒカリ」，97年産米から「会津コシヒカリ」「中通りコシヒカリ」「浜通りコシヒカリ」の上場が認められるようになった．地区区分上場における売り手のねらいは，その地区銘

柄の差別価格の形成にあるため，その他の地区銘柄の価格は相対的に低下することになる．したがって，地区区分上場が進展する結果，一部の優良銘柄の相対的高価格が形成される一方で，大部分の銘柄の価格低下が進み，長期的には自主流通米平均価格の下落を加速していくことになろう．

いずれにしても，入札取引における規制緩和と一層の市場原理の導入の結果，自主流通米の価格は，短期的にはより変動が激しくなり，中長期的には全銘柄とも低下していくことになるものと思われる．

5. 流通の混乱

(1) 米流通規制の緩和

食管法と食糧法の大きな相違点の1つは米流通の規制緩和にみられる．この内容については，すでに第4章で触れたが，要点を再説すると，第1に集出荷および卸・小売の各過程において，既存業者以外の新規参入が容易になったことである．とくに，食管法時代に存在した卸売業者と小売業者との間の結び付き要件がなくなったことの意味は大きい．第2に，食管法時代の特定化され単線的であった米流通ルートに加え，多様で複線的なルートが認められるようになったことである．その中には，食管法のもとでは不正規流通米とされていた「自由米」が，「計画外米」として公然と流通することができるようになったことも含まれる．

このように，食糧法は米の集出荷から卸・小売に至るまでの新規参入を容易にし，食管法時代の流通規制についても撤廃ないしは緩和を行ったが，このねらいについて農水省は，「計画流通制度の下で競争原理の導入による意欲と能力のある者の参入により，流通の活性化及び生産者（消費者）の選択の幅の拡大を図るため」（事務次官通達）としている．だが，食管法の下でも米の流通業者は十分に参入しており，政府による流通の特定化と供給計画によって米の流通秩序は保たれ，価格も安定していた．そのため，食糧法の下での新規参入は，量販店や総合商社，食品卸売業者などこれまで米の流通業

務に従事していなかった企業に限られる．これらの企業に新たな利潤獲得の場を提供しようとするのが，「新規参入」や「流通の活性化」の真の目的であり，生産者や消費者の「選択の幅の拡大」は，事態の本質を覆い隠すための方便にすぎない．食管法の下でも，生産者は農協系以外の集荷業者を選択できたし，消費者はどの米小売店からも自由に購入できたからである．

(2) 独占禁止法適用による価格統制・指導行為の禁止

　食管法では，独占禁止法の適用は除外されていた．そのため，標準価格米はもとより自主流通米主体の商品アイテムにおいても，卸売業者や米小売業者組合による標準小売価格の提示や，都道府県の米穀流通適正化協議会を通じた価格指導がなされてきた．

　ところが，食糧法の制定に関連してなされた独占禁止法の改正によって，米穀に対する独禁法適用除外の規定が廃止された．この結果，食管法時代になされてきた，すべての価格統制・指導行為は，独禁法違反となる．現に，食糧法が施行された直後の95年12月，石川県の水晶米販売事業協同組合が行っていた傘下小売業者への「小売基準価格」の提示が，独禁法違反として，公正取引委員会から排除勧告を受けた．

　こうして，食糧法下では卸売業者による小売業者への納入価格も，小売業者による消費者への販売価格も，原則として個々の売買当事者間の交渉に委ねられ，価格は自由に設定されるようになった．このことのもたらす米の価格形成への影響は少なくない．一方で，食糧法施行によって，米販売への新規参入が激増しているわけだから，米販売業者間の過当競争を通じて，卸売価格も小売価格も全体として引き下げられる可能性がつよい．

　かくて，米取引における独禁法の適用は，流通末端の価格設定を混乱させ，米過剰局面では，全体として各流通段階の形成価格を引き下げる方向で作用するであろう．

(3) 量販店・総合商社による米流通の再編

　食管法時代には，卸売業者と小売業者の結び付き登録制度が存在し，これが量販店による統一的なマーチャンダイジング（商品計画）の支障になっていたが，食糧法による結び付き登録制度の撤廃と新規参入の自由化は，こうした制約を解消し，「資本ブランド」とも言える，全国統一の量販店ブランドの形成を可能にした．また，大手の卸売業者の中には量販店の全国展開に対応して，主要な都道府県に「他県卸」としての支店を開設するものがあらわれた．

　MAを契機に公然と輸入米の取扱いを開始した総合商社も，米流通への参入を進めている．一部の総合商社による，子会社を通じた米小売業への参入がすでに始まっているし，既存の卸売業者の吸収・統合の動きもみられる．卸売業者に対する代金支払い業務の代行などを通じて，量販店納入卸の統轄者としての機能を果たしている総合商社も生まれている．総合商社はまた，「川中」での米取扱いをテコに，いずれ「川上」における農産物や農業資材の販売，「川下」における炊飯や加工米飯事業にも進出してこよう．

　食糧法施行によって，とりわけ深刻な影響を受けているのは既存の米卸売業者である．米卸は，前述のように小売との結び付き制度がなくなり，小売業者から逆選別される時代になった．また，いわゆる「他県卸」の増加によって，卸売業者間の競争が一気に激化した．また，量販店による卸の絞り込みによって，突然，売り先を失った卸売業者が続出した．食糧法施行以前から卸売業者は，量販店やディスカウント・ストアが仕掛けた「価格破壊」によって，全体として苦しい経営を強いられていた．「価格破壊」が米卸に納入価格の引下げを迫ったからである．加えて，「平成コメ騒動」以降の消費者の"コメ離れ"傾向と，正規の米販売業者の手を経ない各種の「産直米」の増加が，卸売業者の米売上高を減少させている．食糧法の施行はこうした事態に拍車をかけ，卸売業者の経営危機を一層深刻なものにしていくことであろう．

6. むすび：食糧法の本質

　以上，食糧法の問題点を需給調整，価格形成，流通の3つの側面からみてきた．施行令，通達を含む食糧法システム自体に，食糧法が目的とした米の需給および価格の安定方策，また計画的流通実現の方策が欠けていることが明らかになった．そうした制度の欠陥は，食糧法が全面的に施行された1995年11月以降，次々と表面化してきている．

　需給調整をめぐっては，300万トンを超える過剰米の存在，ミニマムアクセス米の連年の増加，生産調整非協力農家と未達成県の増大，計画外流通米の著増，備蓄・調整保管量の増加に伴う生産者負担の増大，など．価格形成をめぐっては，自主流通米価格の全般的低落と銘柄間価格差の拡大，政府買入価格の引下げ，政府古米等の安値攻勢，など．そして米流通をめぐっては，量販店のシェア拡大と専門米小売業者の駆逐，卸売業者の経営危機と統合・廃業の増加，総合商社による卸・小売業者支配の拡大，米の「価格破壊」と消費者の品質不安，出荷取扱業者としての系統農協の経営危機，など．

　結局，食糧法は生産者，消費者，農協，卸売業者，小売業者の犠牲のもとに，量販店，総合商社，米輸出国の利益をはかるものとなっている．そこに食糧法の本質がある．今後，食糧法に残された各種の規制撤廃が財界やアメリカから要請されてくるであろう．それらがすべて政府によって受け入れられた時，食糧法はその使命を終え，米流通は完全な自由競争の時代を迎えることになる．

　財界やアメリカの目指す食糧法の改変方向では，米の需給と価格が安定しないことは明らかである．そのため，需給・価格安定化のための新たな公的規制と水田農家保護の方策が緊急に求められているのである．

補節　農産物検査の民営化

　1942年の食糧管理法の制定以来，米麦など主要食糧については国営検査が維持されてきた．政府買入食糧については，収買検査としての意味も有していたからである．検査官は当然，国の職員であって，具体的には食糧事務所に所属する農産物検査官がこれを担当した．そして，1951年に農産物検査法が制定され，米麦については引き続き強制検査とするが，その他指定された品目については，都道府県の依頼によって国の農産物検査官が検査する体制に変更された．米麦における全量検査体制は，1969年に自主流通制度が導入された以降も続けられた．だが，食管会計の赤字対策と公務員の定員削減計画の中で，かつて2万人を超えていた農産物検査官は，その後，ドラスチックに削減され，80年代には数千人規模に縮小された[1]．

　しかし，その後も行政改革と規制緩和政策の進展の中で，農産物検査の合理化が繰り返し求められ，97年12月の行政改革会議の最終報告においては，検査の民営化，民間移譲を積極的に検討する必要があるとされた．そして，98年12月には総務庁行政監察局がこうした方向での勧告を行い，ほぼ同時に出された規制緩和委員会による「規制緩和についての第1次見解」では，「①検査に対する信頼性の確保の観点や流通の円滑化のための規制は必要最小限のものとし，②産地や流通業者が自らの商品の品質に責任を持つという視点を踏まえ，市場原理を活用して民営化することが必要である」との見解が示された．

　こうして，99年1月の中央省庁再編大綱，同年3月の「規制緩和推進3カ年計画（改定）」の中で，農産物検査の民営化が，政府の方針として正式決定された．そして，農水省では99年6月に「新たな農産物検査制度のあり方について（案）」をまとめ，関係者との調整を経たうえで2000年3月の国会に「農産物検査法の一部改正案」を提出し，同年4月に成立，交付された．施行は2001年4月である．

新たな検査体制は，概略次のようなものである[2]．

a）検査の実施業務は民間に委ね，国は，規格の設定など制度の基本ルールの策定，民間検査機関に対する指導監督等の役割を果たすことにより，検査の信頼性・公共が確保されるようにする．

b）民間検査機関については国による登録制とし，登録は品位等検査，成分検査の区分により行う（同一機関が双方の検査を実施することも可能）．

c）検査員については，農産物検査に一定期間従事した経験を有する者（農産物検査官OB），農水省が指定する研修に一定期間従事した者のいずれかとする．

d）登録検査機関は，検査実績等を定期的に農水省に報告する義務を負う．

e）国は，登録検査機関に対して指導監督を行い，不適正な行為に対しては改善命令，業務停止命令，登録の取消しを行う．

f）検査の対象品目については，国民生活上重要な位置を占め，広域かつ大量に流通する品目等に限定することとし，現行20品目を大幅に整理する．

g）義務検査の範囲は，計画流通米および政府買入れに係わる麦にその対象を限定する．

h）検査規格，検査方法については簡素化に向けて必要な見直しを行う[3]．

i）検査手数料については届け出制とする．

j）政府輸入米の検査については，民間の検査体制が整った段階から民間検査に移行する（法施行後3年を予定）．

k）民間の検査体制が整うまでの移行期間中は，国も補完的に検査業務を実施する（法施行後，最大で5年間を予定）．

農水省では，民間の実施機関として全国ネットをもつ農協と日本穀物検定協会を想定している．民営化にあたっての問題の1つは，現在60kg当たり50円，1トン当たり790円の検査手数料の設定にある．この金額は，農産物検査官の人件費を除く検査の実費といわれる．だが，米価を取り巻く情勢は，検査手数料の引上げを困難にしており，民間の検査機関には新たな負担が生ずることになる．

また基本的には，民間とくに農協が検査を行うことについては，検査の公平性の確保の観点から問題がある．農協は出荷者でもあり，実際の検査にあたって，"身内"の立場から甘くなる恐れがあるからである．検査機関（農協）によって検査の程度がまちまちであるならば，検査の意味をなさないことになる．

　農産物検査法は，その目的に「農産物の公正且つ円滑な取引とその品質の改善とを助長し，あわせて農家経済の発展と農産物消費の合理化に寄与すること」を掲げている．検査制度によって全国統一的な規格に基づき，品位の格付け等が行われることによって，現物を実際にみないでも「規格取引」を行うことが可能になる．生産者にとっては，検査規格が品質改善の目標となっており，格付けの高い生産者は価格を通じてメリットを得ることができる．流通業者にとっては，相互に検査結果を信頼した取引が可能になり，取引の迅速化，取引コストの削減も図られる．消費者にとっては，検査結果を反映した適切な表示がなされることにより，精米購入の際に表示内容を信頼して商品選択を行うことができる．

　農産物検査の民営化が，検査の公平性と信頼を損なうことにならないかどうか，十分な監視が必要である．

　　注
1) 農産物検査制度の歴史については，三島徳三『流通「自由化」と食管制度』［食糧・農業問題全集14-B］（農山漁村文化協会，1988年）第1章，を参照のこと．
2) 大島英彦「新たな農産物検査制度のあり方について」（食糧月報，1999年9月号），角好陸「農産物検査法の一部を改正する法律について」（輸入食糧協議会報，2000年7月号）．以下の，記述もこれらの論稿に負うところが多い．
3) これまでの検査方法は，農産物の種類・銘柄ごとに，量目，荷造り，包装等，品位および成分について全国統一的な検査規格を設定し，毎個検査，抽出検査，ばら検査のいずれかの方法によって実施していた．

第7章　食糧法システムの破綻と政策対応
— 「新たな米政策」から「水田農業活性化対策」へ —

1. 陰をひそめた「食糧法歓迎」論

　1994年12月に成立した「主要食糧の需給及び価格の安定に関する法律」（以下，食糧法と略）は，ミニマムアクセス（以下，MAと略）に対応した輸入制度については翌95年4月1日から施行，その他の部分については同年11月1日に施行され，その時点で食糧管理法（以下，食管法と略）も廃止された．また，同法に基づく販売業者の最初の登録は96年6月に行われた．食糧法施行に伴う流通の変化については第4章で触れたので，本章では食糧法システム（政省令を含む）の下での米の需給調整および自主流通米の価格形成をめぐる政策の展開過程を詳述し，そこにおける問題点と課題について述べる．

　結論を先取りして言えば，食糧法はその目的に「主要食糧の需給及び価格の安定を図る」ことを掲げているにもかかわらず，米については食糧法施行後，一度も需給と価格の安定が図られないまま，糊塗的な政策対応に明け暮れており，その点では食糧法システムはすでに破綻している．だが，米を全面的に民間流通に委ね，市場原理の導入を図るという，食糧法の真のねらいからすれば，同法施行後の過程は期待どおりの結果をもたらしている．

　食糧法についてはさまざまな議論があったが，戦後の食糧政策の基調であった米生産・流通の国家管理体制が崩れ，自由な生産・流通システムに移行する節目に食糧法の制定と施行があることは疑いない．だが，この点を強調するあまり，食糧法は「つくる自由」「売る自由」を認め，生産者も消費者

も利点が多いとみるのは早計である．そのことは，食管法の廃止を求めていたのが，内外市場の自由化で利益獲得の場が与えられる商社や量販店，および国際穀物メジャーの利益を代表するアメリカであり，国内の農業生産者や消費者が積極的に求めたものではなかったという事実からもうかがえる．

　確かに生産者の一部，および中小の米販売業者の中には，当初，食糧法を歓迎するむきがあった．だが，こうした「期待」は，現実の進行の中で脆くもついえ去った．食糧法施行により，米の需給と価格の安定における政府の関わりが大幅に後退し，価格形成の自由化が進行した結果，生産者の受取米価は急激に低下していった．段階的に増えるMA米の輸入に加え，94年以降の豊作等に伴う需給緩和が，国内産米の供給過剰を強めていったからである．食管法時代には政府米の買入価格が，生産者受取米価の最低限の保証になっていた．だが，食糧法システムの下では政府米は備蓄用途に限られ，買入量は大幅に削減された．さらに，主食用うるち米の通常の供給は自主流通米だけとなり，その需給実勢が入札価格を左右するようになった．その入札の仕組みでは，後述のように段階的に値幅制限が拡大し，最終的には撤廃された．その結果，価格下落の歯止めがなくなった．生産者と農協は，売れ残りを避けるために，意に反した値下げを行わなければならなくなる．市場原理と供給過剰のもとでの「売る自由」は，「ダンピング競争の自由」でもあったのである．

　「つくる自由」も，過剰在庫を抱えた政府による，生産調整の継続と拡大の中でまぼろしに終わった．減反を拒否し，米の自由作付けによる"利益"をねらったとしても，現在のような市場環境のもとでは期待した成果は得られない．

　米流通の自由化においても，一部の販売業者の期待は裏切られた．自由化の中で勝ちを収めたのは量販店と大手の卸売業者だけであったからである．中小の卸売業者が結果的に得たものは，「廃業の自由」であり「統合される自由」であった．既存の米小売業者が得たものも，「廃業の自由」であり「転業の自由」であった．

食糧法は農協の営業基盤にも動揺を与えた．もともと農協組織は，本音では食糧法に賛成ではなかった．食管法の存在によって，米価も各種の手数料収入も安定していたからである．食糧法施行後の自主流通米価格の低落は，農協組織の手数料収入にマイナスに作用しただけでなく，計画外出荷米の増大に伴う生産者の"農協離れ"を引き起こした．米価低落に対する農協の不安は，生産者に対する仮渡金を抑制し，これがまた"農協離れ"に促進的に作用している．米流通の自由化に金融自由化が重なり，いまや各農協は「統合される自由」に競々としている．

このように，生産者，中小米販売業者，および農協にとって，食糧法は，むしろ事態を悪化させる方向で作用した．だが，食糧法の施行を諸手を挙げて歓迎しているものもいる．それは，販売市場と利益の拡大を実現させた大手の量販店と卸売業者，および日本への米輸出国と輸入業者であり，食糧管理予算の削減に成功した日本政府であった．財界と日本政府にとって，食糧法は農業と流通に対する規制緩和の突破口であった．米市場に対する内外資本の活動の自由の保障は，食糧法システムによってほぼ確保された．また，規制緩和が標榜する「消費者利益」の増進も，米の小売価格の低落によって達成された．

食糧法システムについては，以上のようにその立場によって明暗を分けるが，食糧法自体は表向き「主要食糧の需給と価格の安定を図る」ことを目的とした法律なのである．だが，この目的達成のための手段を食糧法システムは有していない．こうしたシステムの矛盾は，同法の完全施行後2年を経過した97年秋に一挙に表面化する．以下に述べる，自主流通米価格，生産調整，備蓄・調整保管それぞれに現れた「不安定」がそれである．

2. 施行2年でほころびの出た食糧法

(1) 米価の急落と稲作農家の危機

まず，自主流通米の価格は，食糧法施行を待っていたかのように急落した．

自主流通米の入札価格は、大凶作年であった93年産米の22,760円（60kg当たり、全銘柄加重平均指標価格）をピークに翌年産米から下落し始めたが、食糧法が施行された95年産米の入札以降、下落に拍車がかかった。とくに法施行3年目の97年産米は、ほとんどの銘柄で2,000円～3,000円の下落が発生し、全銘柄平均指標価格は17,625円まで低下した。食糧法施行前の94年産米の平均価格は21,367円であり、この価格と比較すると実に4,000円近い下落である。

稲作農家は全体としてみればすでに機械化体系が一巡し、これ以上のコスト低下は困難である。こうした状況の中での米価の低落は、ストレートに農業所得を減少させる。とくに大規模専業稲作農家が多い北海道は、規模拡大や土地改良に伴う借金を抱え、米価下落によって壊滅的な打撃を受けた。自主流通米価格の低落を背景に、北海道の97年産米仮渡価格は、60kg当たり13,000円に引き下げられた。前年の仮渡金額と比較して、実に2,700円のダウンである。これにより全道の稲作収入は約300億円の減収になる。稲作付農家1戸平均では約90万円である。10ha以上の作付農家は200万円を超える減収となった。

東北・北陸・関東など北海道以外の97年産米仮渡価格も軒並み引き下げられ、農民の怒りを呼んだ。北海道では、出来秋に各地で稲作危機突破の農民集会が開かれた。これは70年代の米価闘争高揚期以来のものである。生産者や農業団体の要求は、価格政策による米価の再生産確保水準への回復であり、それが無理ならば価格下落に伴う減収分を補償する所得政策の導入であった。そして、後者の要求は、不十分ながら後述の「新たな米政策」の中で、「稲作経営安定対策」として政策化されていくのである。

(2) 生産調整に対する不公平感，効果への疑念の増大

食糧法システムの下でも、政府の米需給調整政策は、食管法時代と同様、生産量を直接抑制する生産調整が基軸になっている。

前章で述べたように、食糧法システムでは、価格が公定された政府米の買

入量は適正備蓄の範囲内に押え込まれ，需給実勢で価格が決まる自主流通米および自由米（計画外米）を米流通の大宗においている．そうした制度下で生産者の受取米価を安定させるためには，国内産米の供給の抑制，すなわち生産調整が欠かせないというのが，政府および農協中央の考え方である．しかしながら，生産調整はすでに面積的に限界に近く，生産者の不公平感とその効果に対する疑念も強まっている．不公平感とは，主に生産調整実施者の未実施者に対するもので，「生産調整を実施しないにもかかわらず，価格安定の恩恵だけを受けている」という，多分に感情的な"ただ乗り"論に基づくものである．また，生産調整割合の高い産地の不公平感も根強いものがある．都市近郊産地や飯米農家を多く抱える地域では，生産者の協力が得られず，生産調整面積の目標達成が困難になっている．

　生産調整の効果に対する疑念の増大は，真面目に目標面積の消化に努めてきた，意欲的な担い手農家層の間にとくに高まっている．生産調整は全国的にはほとんどの年で100％またはそれ以上の比率で達成されている．だが，目立った価格浮揚効果がないばかりか，前述のように食糧法施行以降，かえって下落している実態にある．こうした事実は，生産調整を価格安定化の唯一の手段とし，その目標達成を生産者に陰陽に強制してきた政府および農協中央への不信をいやがうえにも高めていかざるを得ない．

　生産調整へのこうした不公平感，限界感，およびその効果に対する疑念の増大の中で，生産調整を実施させるためには，生産者に対して具体的に目に見える形でメリットを与えなくてはならない．とりわけ生産調整目標面積の拡大を図る場合には，メリット対策が不可欠である．こうして，生産調整助成対策の抜本的見直しが避けられなくなったのである．

(3) 備蓄・調整保管をめぐる問題の累積

　食糧法は，政府の責任で備蓄を行うことを定めている一方で，自主流通法人（全農，全集連）の業務に「備蓄および調整保管」を加え，政府の需給調整政策の肩代わりをさせようとした．だが，備蓄・調整保管には，新米を1

年以上にわたって保有することによる価格差損，金利・保管料などの追加的経費が発生し，これを民間が行うためには資金面からの制約がある．JAグループでは，計画流通米出荷者を対象に自主流通米販売価格の1％を供出させるなどの負担を求めることによって，備蓄・調整保管のための基金を用意し，政府もこれに助成した．

だが，過剰米の在庫圧力の中で自主流通米価格は古米のそれを含めて低落し，自主流通法人による備蓄・調整保管の量も増大していった．そのため，JAグループが用意した基金では，備蓄・調整保管のための経費をカバーすることができず，多額の財源不足に見舞われることになった．対策として生産者にさらなる拠出を求めることも考えられるが，そうなると生産者の実質手取米価はますます下がっていく．加えて，価格浮揚のため備蓄・調整保管数量を増加させることは，結果的に計画外出荷米の販売に有利な環境を作り出すことに通じる．民間による備蓄・調整保管といっても，実際には計画流通米の出荷者の費用負担によって行われ，計画外米の出荷者がこれに"ただ乗り"することに対する生産者の不満は強い．ここには，民間が備蓄・調整保管を行い，政府の需給調整政策の肩代わりをすることに対する，根本的な問題が伏在している．この問題は食糧法施行後2年にして，備蓄・調整保管基金の財源不足という形で表面化したのである．

政府が行う備蓄米の売買操作にも問題があった．それは，政府が在庫米の処理を急ぐ余り，96米穀年度に古米（95年産米），古々米（94年産米）の安値販売に走り，結果として自主流通米新米（96年産）の販売環境を悪化させたことである．さらに政府は，「1年保管後，主食・加工用等に売り渡す」とした備蓄米の売渡し原則を逸脱し，96年産政府米については1年を経過しない新米段階で売りに入った．これは，低価格自主流通米の市場を奪うものであり，自主流通米価格の低下に促進的に作用するものであった．

備蓄米に係わるこれらの問題を打開する基本は，政府が採っている回転備蓄方式をやめ，棚上備蓄方式に切り換えることである．だが，これには相当額の予算措置が必要であり，政府・与党にとっては，容易に受け入れるとこ

ろにはならない．そのため，98年産米から回転備蓄方式の維持を前提に，備蓄政府米の買入れ削減を内容とする，新たな備蓄米売買ルールが導入されることになった．この内容については，後述する．

　食糧法の施行以降に表面化した以上のような問題に対処するため，政府は97年11月に「新たな米政策」を決定し，98年度から2カ年のスパンでこの新対策を実施していく．「新たな米政策」は，①稲作経営安定対策，②生産調整推進対策，③計画流通制度の運営改善，の3つが柱になっている．しかし食糧法システム，すなわち政府の管理責任の後退と市場原理導入のもとでの対策には限界があり，「新たな米政策」はかえって新たな問題を生み出す契機となった．以下，「新たな米政策」の3つの柱に沿って，その内容と問題点を述べよう．

3．「新たな米政策」の登場とその問題点

(1)　生産者負担による「稲作経営安定対策」

　食糧法施行後に発生した以上3つの問題の中でも，最初に述べた自主流通米価格の低落，とくに97年産自主流通米価格の急落は，当の稲作農民のみならず，全国農協中央会（全中）を頂点とする農業団体に衝撃を与えた．そのため，全中は農林水産省や与党と水面下で接触し対策を検討していった．対策の方向は，稲作農家の拠出金と政府の助成金によって基金（「稲作経営安定資金」）をつくり，自主流通米の価格下落時に減収分の一部を補塡しようとする，一種の所得補償政策の導入であった．全中では前年，自主流通法人による「備蓄・調整保管」の実施に即して「米需給調整基金」（生産者の拠出は自主流通米価格の1％，政府米出荷者は60kg当たり200円）をつくり，新古米価格差や金利・保管料負担に対処しようとしていた．「稲作経営安定基金」は，こうした生産者の拠出金による対策を，価格低下に伴う減収補塡まで拡充するものであった．

　生産者拠出と公的助成によって基金を造成したうえで，価格下落時に一定

基準で減収補填を行い，農業経営への影響を緩和する対策は，すでに指定野菜や肉用子牛を対象に実施されている．しかし，米というわが国農業の基幹であり，生産農家も群を抜いて多い作物を価格補填対策の対象に加えることは，日本農政の大きな転換になる．米については，政府米の買入れを通じた価格支持（価格の公定），および自主流通奨励金（基本助成金，良質米奨励金など）による手取価格の上乗せが，これまでの政府による価格・所得政策の中身であったからである．

　新しい対策は，価格（自主流通米価格）形成を基本的に市場メカニズムに委ねる一方で，生産者負担によって資金をつくり，価格下落時対策を行おうとするものである．だが，実際に補填を行う価格水準にもよるが，補填に必要な資金をすべて生産者の負担にすることには限度があり，生産者の反発を招きかねない．そのため，資金の造成にあたっては政府が相当額の助成を行い，生産者負担を軽減することが，全中と政府・与党との間の政治折衝の焦点であった．

　結果的に「稲作経営安定資金」に対する政府助成金は，現行の「自主流通米計画流通対策費」を廃止し，これによって浮いた金額（958億円）を当てることで決着した．自主流通米対策費は，69年の自主流通制度の発足以来，農業予算（食糧管理費）に計上されているもので，その中の「良質米奨励金」は一時は最高ランクで60kg当たり1,600円を超え，いわば"第2米価"として自主流通米地帯では所得の大きな支えになっていた．食糧法施行後は，前述のように「自主流通米計画流通対策費」と名前を変えたが，自主流通米価格に上乗せさせる仕組みは同じで，その単価（60kg当たり）は銘柄米では1,140円であった．「稲作経営安定対策」の政府助成金の平均単価は，この自主流通対策費（銘柄米）とほぼ同額の60kg当たり1,150円とすることで決まり，結果的に政府の追加支出はゼロとなった．すなわち，政府は行政改革でつとに指摘されていた自主流通米助成金の廃止を一挙に実現するとともに，新たな所得確保政策である価格補填制度の導入にも成功したのである．後者は，WTO農業協定が「緑の政策」として認める「収入保険」に近い制度で

第7章 食糧法システムの破綻と政策対応

あり，価格政策廃止後に政府が目指す所得確保政策のモデル・ケースとなるものであった．

新しく導入されることになった「稲作経営安定対策」の仕組みは次のようなものである．

a）自主流通米の銘柄（産地品種別）ごとに補塡基準価格を設定する．基準価格は，直近3カ年の自主流通米指標価格（落札価格の加重平均）の平均価格とし，毎年度定める．

b）当年産の年間平均価格が，a)で定めた補塡基準価格を下回った場合，その差額の8割を「稲作経営安定資金」から補塡する．

c）「資金」に対する生産者の拠出金は基準価格の2％，政府助成金は基準価格の6％とし，生産者個人別に資金管理を行う．

d）「資金」の全体管理は自主流通法人（全農）が行う．生産者の加入手続き，生産者からの拠出金の徴収，個人別の収支管理は，登録出荷業者（農協，経済連）が行う．

e）「資金」が余った場合の，農家への無事戻しは当面行わない．

f）「稲作経営安定対策」への加入は，生産調整を100％達成した者に限る．

農水省の説明によると，98年産自主流通米の平均価格が，97年産に比べて10％下がった場合，基準価格（95〜97年の平均価格）との差額の8割である1,533円が補塡されるという．一方，生産者の拠出金は基準価格（19,160円）の2％で383円，政府助成金は6％で1,150円となり，合計で1,533円が補塡のための財源となる．

一応，ツジツマが合っているが，価格が10％以上下がった場合の国の財政負担は明記されておらず，その際には自主流通法人（全農）が不足資金の借入れを行うとしている．要するに生産者に追加拠出が求められるのである．また，補塡基準価格が，自主流通米価格形成センターの入札価格に連動することから，価格が下げ基調の中では，基準価格も年々，引き下げられていく．それだけ，補塡額も下がるのである．逆に，当年産の自主流通米価格が基準価格を上回った場合，当然，補塡がない．以前に生産者に直接交付されてい

た自主流通米計画流通対策費（60kg当たり最高で1,140円）も支払われない．このようにみてくると，「稲作経営安定対策」は，政府・与党や全中の鳴物入の宣伝にもかかわらず，価格・所得政策としては明らかに後退である．

(2) 生産調整の拡大とメリット対策

「新たな米政策」の2番目の柱である生産調整推進対策は，生産調整目標面積を一挙に17万6,000ha拡大し，過去最大の96万3,000haにする一方で，生産調整実施者に対するメリットを拡大し，不公平感を緩和することを目的としたものである．

生産調整面積を拡大せざるを得なかった背景には，国産米の在庫が97年10月末で362万トンに膨れ上がり，政府が適正備蓄とする150～200万トンを大幅に超過しているという現実があった．そのため政府は，98年産および99年産米の生産計画数量を，97年産の生産量より約100万トン少ない900万トン程度に押え込むことによって，2000年10月末の国産米持ち越し在庫量を200万トンに減らし，適正備蓄の範囲内に戻そうと計画した．だが，政府の需給計画には外国産米が98米穀年度で60万トン，99米穀年度で68万トン含まれており，これらを主食用・加工用以外の用途，具体的には海外援助や飼料等に別途処理すれば，生産調整の拡大は必要ない．しかし，MA米をあくまで主食・加工用販売で処理しようとする政府は，「MA米輸入に伴う減反拡大は行わない」という約束を反故にして，生産調整目標面積を一挙に22％拡大し，全水田面積の3分の1を超える（35.5％）減反の実施を決めたのである．国際約束であるMA米の輸入環境を整えるという政府と財界のねらいからすれば，過去最大の生産調整の実施は，「新たな米対策」の最重要の課題であった．

だが，その一方で減反に対する農民の意識は，食糧法施行以降，明らかに変化してきている．マスコミによる「つくる自由」の喧伝に加え，前述のような生産調整に対する不公平感，限界感が広まっている中で，過去最大の減反を実施するためには，生産調整や転作を実施する生産者に一定のメリット

を与えなければならない。メリット対策には，前述の「稲作経営安定対策」も含まれるが，さらに，次の3つの対策が生産調整推進のために用意された．その1つは，高率な生産調整地帯の不公平感を緩和するための「全国とも補償」の実施である．これは「米需給安定対策」という名称で予算措置がなされたが，具体的には農業者が水田面積10a当たり3,000円の拠出を行い，これに政府の助成金を加えて資金をつくり，生産調整を実施する生産者にその取組の態様に応じて補償金を支払うというものである．

政府助成は，農業者の拠出金総額とほぼ同額の915億円（98年度）が用意された．生産調整実施者の受取単価は，大豆，麦，飼料作物等の「一般作物」，果樹等の永年性作物，および景観形成作物（レンゲ，ヒマワリ等）の作付けを行う場合には10a当たり25,000円，調整水田（湛水するが稲を作付けしない）では同じく10,000円というように生産調整の態様別に差をつけている．「とも補償」に地域で集団加入した場合には，さらに10a当たり5,000円の上乗せがある．

「米需給調整安定対策」には生産者からの拠出金が求められていることから，これに加入するかどうかは，「稲作経営安定対策」と同様，生産者の選択に任されている．また「米需給調整安定対策」に加入できる者は，生産調整の100％達成予定者に限られた．

「とも補償」は，生産調整実施者が米をつくらないことによる減収分を，米の作付農家が共同で負担しようとするもので，水田農家の相互扶助の考えに立ったものである．これは一部地域の自主的取組の中で生まれ，次第に各地に広がってきたもので，97年までは「地域とも補償」に対する政府助成がなされていた．「米需給安定対策」はこの「とも補償」を全国に広げ，助成額も全体として増やそうとするもので，考え方としては評価できる．とくに生産調整割合が全国平均よりも高い都道府県，および前記の「一般作物」等に転作する農家には，「全国とも補償」によって拠出額を上回る補償金が入ることになり，減反を過大に割り当てられることによる不公平感は一定程度緩和される．とくに，東北・北陸・北海道のような米主産県では，「米需

給調整対策」によるメリットが大きく，農家の加入意欲も高い．

だが，水田を保有する農家に一律に10a当たり3,000円の拠出を求めていることから，減反を実施しない農家はもとより，減反率が低い都道府県や地域，および転作物として「一般作物」等を作付けしない農家では，補償金の受取額が拠出額を下回るケースが発生する．とくに野菜に転作する農家の，「とも補償」による受取額はわずか4,000円（10a当たり）にすぎない．他方で稲作付田・転作田を問わず，すべての保有水田に対して10a当たり3,000円の拠出が求められるわけだから，野菜転作農家にとっては，「米需給安定対策」（全国とも補償）への加入はむしろマイナスになる場合が少なくない．そのため，こうした農家が多い西日本や都市近郊地帯では，「米需給安定対策」への加入意欲は全体として低い．

生産調整推進のための2つ目の対策は，これまでの転作助成金を組み換え，転作自体を大きな経営体の育成や，生産の組織化，転作田の団地化などに誘導する，「水田営農確立助成」の導入である．具体的には，「一般作物」等で大きな経営体が取り組む転作に対しては，「高度水田営農確立助成」として10a当たり2万円，転作田を団地化するものに対しては，「団地形成助成」として同じく1万円など，転作のやり方によって交付金単価に差をつけた．だが，その他の転作に対する助成額は少なく，総額でも254億円（98年度）と，前年までの転作助成金を下回った．

3つ目の対策は，水田を活用した麦，大豆，飼料作物の生産振興緊急対策である．これは自給率の低いこれらの作物に転作を誘導しようとするもので，導入技術に応じて10a当たり5,000円から17,000円の範囲で助成する．例えば，大豆の場合では，「基礎技術」（10a当たり5,000円助成）は畝立てと適期防除の組合せ，「標準技術」（同10,000円）は，基礎技術に加え優良品種の導入や土壌改良の実施などであり，以上の技術にさらに「地域特認技術」を加える場合には，10a当たり17,000円の助成を受けることができる．この対策についての予算は98年度で200億円用意された．

麦，大豆，飼料作物の転作に関しては，これまでみてきたように「米需給

調整対策」「水田営農確立助成」でも交付金単価が高く，3つ目の技術導入対策を含め，大きな経営体がこれら作物の転作に取り組めば，最高で10a当たり67,000円の交付金を受け取ることができる（「全国とも補償」30,000円＋「高度水田営農確立助成」20,000円＋「生産振興緊急対策（地域特認技術）」17,000円）．これらの交付金に，麦や大豆をつくることによって得られる所得を加えれば，10a当たり所得は9万円を超える．これは，米価下落前の稲作所得を上回る金額である．

だが，このような条件を満たし，転作によって米並みまたはそれ以上の所得を上げることができる農家も地域も限られる．排水の悪い水田では，麦，大豆の生産に限界がある．酸性の強い水田はアルカリ矯正しなければならない．大豆・麦の生産のためには新たな機械投資が必要であり，追加的な労働力も必要である．生産物の販売市場も確保しなければならないが，そのためにはユーザーに受け入れられる品質・ロットでの供給が求められる．また，飼料作物の作付けは畜産農家との飼料利用契約が条件になっており，誰でもできるわけではない．

このように，「新たな米政策」は，過去最大の生産調整目標面積をこなすため，「稲作経営安定対策」を含め，さまざまな経済的誘導装置を用意してある．だが，目標面積の拡大に対応した予算的措置は不十分である．10a当たり平均の生産調整助成金単価は，1980年度には約61,000円であったが，その後年を追って低下し，96〜97年度には約17,000円に低下した．98年度からの「新たな米政策」では平均単価がさらに削減され，約12,000円にすぎない[1]．そのため，「新たな米政策」では，転作助成の対象を選別し，大規模経営体や特定作物（麦，大豆など）には有利な条件を与える一方で，その他の経営体や作物については転作メリットをあまり与えていない．この結果，米主産県以外では「稲作経営安定対策」および「米需給調整対策」の加入率は低く，生産調整目標未達成県も多い．しかし，麦，大豆等の転作条件がある地域や経営では，国の助成措置を上手に利用すれば，米を上回る所得を獲得する可能性もある．この点では，政策に対する現地の対応がカギになるの

である．

(3) 計画流通制度の運営改善

これは，政府米の販売量が計画を下回った場合，買入量を自動的に削減するルールを確立するもので，政府米の備蓄量を適正化するための仕組みとして設定された．同時に生産者および農協組織の負担になっていた民間備蓄10万トンは廃止され，備蓄はすべて政府の責任で行うことになった．

新しい備蓄運営ルールの初年度となる98米穀年度では，政府は97年産米の買入量にほぼ等しい125万トンを販売する計画を立て，これを前提に98年産米は100万トンの買入れを行うことを予定した．だが，98米穀年度内の販売量が125万トンに達しない場合には，100万トンから販売未達成量を差し引き，これを実際の買入量とした．例えば，同年度内の実際の販売量が100万トンに下がり，販売未達成量が25万トンとなった場合，買入量も25万トン減らし，75万トンにするわけである．

実際には，98米穀年度中に政府米は52万トンしか売れなかった．これは備蓄・調整保管している自主流通米の販売を優先したからである．計画の125万トンに対して73万トンの販売未達成量が出たわけであり，これを98年産の買入予定量100万トンから差し引くと，計算上30万トン弱しか買い入れされないことになった（現実には30万トンを買い入れた）．自主流通米価格の低落の結果，手取価格においては，政府米の買入価格が自主流通米のそれを上回る事態が各地・各銘柄で発生しているにもかかわらず，政府米の買入量が削減されたのである．

このように，新たな「備蓄運営ルール」は，あくまでも「備蓄量の適正化」（当面，政府が目標とするのは200万トン）という"政府の都合"のためのルールであり，マクロ的需給調整のために政府米の売買操作を位置づけるという，価格安定化の視点はまったくない．新ルールに従うと，過剰で自主流通米価格が下がっても，政府在庫が適正量を超えていれば政府買入量を削減できる．その結果，売り先を失った米は自主流通米や計画外出荷米に流れ，

それらの価格をさらに押し下げていくことになるのである．新たな「備蓄運営ルール」は，「主要食糧の需給及び価格の安定化を図る」という食糧法第1条の目的にも反する措置といわなければならない．

現実に進められている政府米の買入価格の引下げも問題だが，政府米の買入量が"政府の都合"によってどんどん削減されていくことは，食糧法が掲げた計画流通制度の存立にかかわる．国産政府米がゼロになれば，計画流通米は自主流通米のみとなり，計画流通制度を設ける意味はなくなる．自主流通米と自由米は融合し，食糧法も不要になる．政府や財界がねらうのは，実はこうした方向なのかも知れない．

(4) その他の対策

「新たな米政策」の以上3つの柱は，上述のようにさまざまな問題点を抱えているだけでなく，食糧法に残された政府関与の側面をも形骸化させ，それの廃止に向けた道筋を整備するものといっても過言ではない．だが，「新たな米政策」には，評価できる対策がないわけではない．

その1つは，輸入後1年を経過しても販売ができないMA米について，飼料用・援助用に振り向けるようにしたことである（97米穀年度では29万トン）．

2つは，96年産および97年産の自主流通米在庫に対して，一定の助成（金利・保管料に対する助成）を行うようにしたことである．

3つは，価格が大きく下落した97年産自主流通米にも，緊急の価格補填を実施するようにしたことである．具体的には，銘柄ごとに94〜96年産自主流通米平均価格と98年産補填基準価格との差額の8割を補填した（政府助成は補填額の5割で，残りは生産者団体の負担）．この緊急措置は，全銘柄平均で60kg当たり1,000円強の補填が見込まれ，97年産自主流通米価格の下落で打撃を受けた生産者に対して，一定の救済措置となった．

4. 自主流通米取引方法の改革

(1) 値幅制限の撤廃

 「新たな米政策」は，施行後2年間にほころびの出た食糧法を応急的に弥縫したものだが，従来から問題にしていた自主流通米価格形成センターにおける入札方法の改革については，今後の検討に持ち越した．政府は，食糧庁長官の私的諮問機関として中立委員からなる「自主流通米取引に関する検討会」を設置し，98年5月から本格的検討に入った．検討課題はいくつかあったが，もっとも大きな問題は，自主流通米入札における値幅制限をどうするかであった．

 一定の上限・下限価格を設定し，これを超える入札を認めない値幅制限は，90年の入札取引の開始以来設けられていた．当初は，年間値幅制限を基準価格に対して±7%（前回の指標価格［落札価格の加重平均］に対しては±5%）とするもので，90年産から96年産の取引まで，基本的にこの方式で入札が行われていた．基準価格は，当初は銘柄ごとに直近3カ年の指標価格の加重平均で決められていたが，96年産では前年産指標価格を基準に3%の範囲内で調整した価格に修正された．長期的趨勢価格でなく，より近い時期の実勢価格で基準価格を決めようとしたのである．

 97年産の入札で，以上の方式は大きく変更された．まず，基準価格を「前年産最終3回の指標価格の加重平均」に変更し，実勢価格をより反映するとともに，値幅制限を基準価格の±10%に拡大した．ただし，指標価格が上下限価格の0.5%に張り付いた場合，値幅を1.5%さらに拡大することとし，その値幅拡大は年内の入札に限っては2回まで行えるとした．すなわち，値幅制限は最大で13%まで拡大できるようになったのである．

 97年産の値幅制限の拡大は，過剰基調にある自主流通米価格の下落に促進的に作用し，同年産の多くの銘柄が基準価格比マイナス13%の下限価格に張り付いた．当時の需給実態のもとでは，値幅制限の拡大は，自主流通米

価格の下落に直結し，生産者手取りの大幅ダウンを招いたのである．そのため，生産者サイドには，値幅制限の拡大や撤廃には反対が強かった．

だが，前記の自主流通米取引検討会の議論は，値幅制限の撤廃でまとまったのである．そのきっかけとなったは，こともあろうに生産者団体の中枢に座る全国農協中央会（全中）が，条件つきで値幅制限撤廃を容認したことである．その最大の理由は，値幅制限があると，需給逼迫時・過剰時いずれにおいても指標価格と実勢価格が乖離しやすく，計画外米が増加する恐れがあるということであった．すなわち，需給逼迫時には自主流通米の指標価格が上限価格までしか上がらないが，計画外米の価格は自由なので，その価格は上限価格を超えて上昇することがある．その結果，生産者の計画外米販売が増え，JAにとっては計画流通米の集荷が困難になるというのである．他方，過剰時には，生産調整未実施者は下限価格を目安に計画外米の販売を行うことが可能になる．すなわち，"ただ乗り"される．

また，実勢価格が指標価格を下回っている場合，経済連が卸売業者等と行う相対取引では，値下げや「販売促進費」（リベート）の形で，指標価格を下回る価格での取引が迫られることになる．この結果，生産者手取りは，「販売促進費」など実質的な値下げ分だけ減少することになる．しかし，「稲作経営安定対策」による価格下落時の補塡は，実際の農家手取りではなく，入札における指標価格に基づいて行われるため，十分な補塡が受けられないことになる．こうなると，計画流通米に出荷する意欲が薄れ，計画外米の増大に向かってアクセルを踏むことになりかねない．

全中の言い分を，多少，脚色して紹介したが，もっともな理由である．だが，値幅制限を撤廃しても問題は残る．とくに現場の経済連・農協には，「仮渡価格の設定が困難になり，集荷に影響する」との危惧がある．これまでは，下限価格が仮渡価格設定の目安になっていたからである．「稲作経営安定対策」を改善し，価格下落時の補償を十分に行う仕組みができれば別だが，そうでない限り計画外米の増加を抑える保証がないのである．全中による値幅制限撤廃の容認は，その意味ではきわめて危険な賭けである．

ところで，値幅制限撤廃にあたって全中が付けた条件とは，価格下落の歯止めにつながる「指し値」を売り手に認めさせることであった．具体的には，高値の入札から落札するのは従来と同じだが，売り手は上場にあたって希望価格を申し出ることができ，落札加重平均価格が希望価格に達した時点で，落札をストップする．

自主流通米取引検討会ではこうした全中の要望を踏まえ，最終的に次のような入札方法の改革を内容とする報告書をまとめ，食糧庁長官に提出した．これを受け政府は，自主流通米価格形成センターの運営委員会に図って業務規程等の改正を行い，98年産米取引から実施した．

a）入札は年12回以上（東京・大阪で同時開催）とし，それぞれの入札に前場と後場を設ける．

b）値幅制限は撤廃するが，売り手は希望価格の申し出ができる．希望価格は，前年産最終3回の入札の平均指標価格を上回ってはならない．

c）買い手は，毎回の入札で1銘柄について2つの値札を入れることができる．

d）希望価格の申し出があった場合には，落札価格の加重平均が希望価格と一致するところまで落札する．前場の入札で落札残があった場合には，売り手は後場の入札で希望価格を引き下げることができる．

e）売り手は希望価格と合わせて希望落札数量を申し出ることができる．この場合，希望価格を下回ったとしても，希望落札数量と一致するところまで落札する．

f）自主流通米価格形成センターに中立委員からなる「取引監視委員会」を設け，極端な高値・安値の取引があった場合には，入札を制限または停止する．

g）計画外米も生産調整実施者の検査米については，上場を認める．

h）落札残については，自主流通米価格形成センターにおいて，入札の後日に相対取引できる．

その他，自主流通米取引検討会の報告は，入札参加者の資格や上場数量な

どにも及んでいるが,焦点であった値幅制限の撤廃について,1つの方向を打ち出したことによって,自主流通米価格形成センターは,自由な取引市場としての性格を一層強めることになったのである.

(2) 価格下落対策と入札制度の問題点

　全中が値幅制限を容認した背景には,「新たな米政策」によって,過去最大の生産調整が実施され,98年産米が平年作であった場合には,約80万トンもの新米が不足し,97年産で急落した自主流通米価格が,反転上昇に転じるとの期待があったようである.だが,この期待は結果的に裏切られた.確かに,98年産の入札では価格は前年よりやや上昇したが,それは5％程度(60kg当たり平均価格では880円余り)にすぎず,94～96年産の平均指標価格(約20,500円)の回復にはほど遠いものであった.自主流通米全体としては,MA米の段階的増加,新備蓄運営ルールによる政府買入米の減少(その結果としての自主流通米の増加)など,ますます過剰を促進する状況になっている.こうした需給状況に加え,不況とリストラのもとで進む消費者の低価格志向,これを背景とした量販店による納入価格の引下げ要求は,自主流通米の買い手である卸売業者の安値入札傾向を強めている.そのため,よほどの不作がない限り,自主流通米の入札価格が97年の暴落以前の水準に戻ることはないものと思われる.

　かくして,値幅制限の撤廃は,自主流通米価格を低価格水準で固定するか,価格の下落をますます促進することになりかねない.価格下落の歯止め措置として設けられた希望価格も,需給が過剰基調,価格が引下げ基調にある中では,大概は「希望」どおりにはいかず,落札残を増やす結果にしかならないだろう.落札残を売り切ろうとすれば,希望価格を引き下げるか,成り行きに任せるしかないのである.

　だが,値幅制限を復活すれば,価格下落が抑えられるかというと,事はそう簡単ではない.米が全体として過剰基調にあるかぎり,かりに下限価格を設けても,計画外米はその価格を下回って低下することがあり,この場合は,

計画外米との競合によって自主流通米の実質的な取引価格も下限価格以下になる恐れがある．

　自主流通米の価格回復のためには，米全体の需給環境を抜本的に改善することが必要である．そのためには，第1にMA米の輸入を中止するか，輸入したとしても援助や飼料用に回し，主食・加工用市場にはこれを供給しない，第2に政府米の買入量を増やし，自主流通米の供給を抑制する，第3に政府米の棚上備蓄制度を確立し，1年を経過した政府米（古米）は主食用市場には回さない，第4に暴落時には政府が緊急の買入れ，暴騰時には政府備蓄米の放出を行う，などの対策が求められる．とくに2番目以降の対策は，需給と価格安定化のための政府の姿勢と，十分な財源があれば可能なことなのである．

　なお，以上4つの対策は，自主流通米価格形成センターによる現在の入札制度を前提としたものだが，根本的には年1作である米の価格決定を年間12回以上（毎月1回以上）にも及ぶ入札取引で行うことの妥当性について検討する必要がある．国産米の供給量は出来秋にほぼ明らかになる．年間需要も月別需要も見通しがつく．そのうえ，米という商品は貯蔵性があり，現在の保管技術では年間を通して品質が維持できる．こうした米の商品特性は，供給量（需要量）も品質も日々変動する生鮮食料品（青果物，魚介類，食肉）とは，明らかに異なっている．買い手である卸売業者にしても，年間供給量が事前にわかっているわけだから，高値の時には買い控え，安値の時に買って保管しておけばよいのである．すなわち，年間の「需給実勢」は存在しても，入札ごとの「需要」には買い手の思惑が入る．これは価格メカニズムの前提である「実需」ではないのである．

　このようにみてくると，年間12回以上の現在の入札取引は意味がないばかりか，むしろ真の需給均衡を妨げるという意味では有害とも言える．この点では，従来のような自主流通法人（全農など）と卸売業者団体との間の年間一本の相対取引の方が合理的である．銘柄間の価格格差の設定などの問題があるが，政府の監視のもとにこれを公開で行う仕組みの確立を検討する必

要があろう．また，年間価格が決まれば，経済連・農協など出荷取扱業者と卸売業者・小売業者との取引は相対で十分である．

5. 「新たな米政策」の帰結

　1998～99年度の緊急対策である「新たな米政策」の最大の課題は，96万3,000haという過去最大の生産調整を実施し，97年10月末で350万トンを超えていた国産米在庫を，適正備蓄水準の上限である200万トンまで減少させることにあった．政府・与党にとって，処理経費約1兆円を要した第1次米過剰（ピーク時70年720万トン），同じく約2兆円を要した第2次米過剰（ピーク時80年666万トン）の再来は，財政再建が至上命令になっている当時の政治情勢の中では，どうしても避けなければならなかったからである．

　しかし，JAグループにとっては，97年産自主流通米の暴落による所得減少の補償を実施させ，同時に稲作経営の安定を図る所得政策の確立が，「新たな米政策」に期待したものであった．また，グループ内に反対の強い生産調整面積の大幅拡大については，自主流通米価格を回復させる供給調整方策として容認した．その条件として全中は，生産調整実施者へのメリット対策を要求し，前述のような「稲作経営安定対策」（価格補填），「米需給安定対策」（全国とも補償）を柱とする対策を実現させた．両対策とも生産者の拠出を伴うが，それは生産調整への協力意識をつよめる意味でも効果的であると全中は考えた．「新たな米政策」の延長線上に提起された，自主流通米入札における値幅制限の撤廃についても，全中は希望価格の提示を認めさせることを条件に，これを容認した．

　だが，「新たな米政策」が終了した時点で総括してみると，2年前に顕現した米をめぐる深刻な事態は，いっこうに改善されないどころか，ますます悪化してきていることが明らかになる．

(1) 回転備蓄操作の限界：解消しない過剰在庫米

第1に，米の過剰在庫は依然として厳しい状況にある．「新たな米政策」による過去最大の生産調整の実施のもとで，98～99年の生産量は，両年とも主食用等需要量を下回る900万トン程度に留まった．この結果，持越在庫は97年10月末の352万トンから99年10月末の280万トンまで減少した．だが，99年産米の生産量が計画どおり達成されたとしても，2000年10月末の国産米在庫量は，目標の200万トンをなお数十万トン上回ると見通された．豊作による影響もないわけではない．だが，作況指数は97年産米102，98年産98，99年産101と，この3年間を平均すれば，ほぼ政府の生産計画の範囲内に収まっている．当初，「豊作」が喧伝された99年産も，最終的には平年作に留まった．見通しが狂ったのは，米の需要量が不況や"コメ離れ"の影響で，年間の計画量を25万トン程度下回ったことである．この誤差は2年間で50万トンにも及ぶ．これは生産調整ばかりに力を入れ，需要拡大対策を怠った「新たな米政策」の落とし穴であった．

また，国産政府米の在庫も目標どおりには減少しなかった．これは，前述の「新たな備蓄運営ルール」のもとで，持越在庫を抱える自主流通米の販売を優先し，品質的・価格的に競合する政府米の販売を抑制する，いわゆる「協調販売」の実施の影響が大きい．確かに自主流通米の持越在庫は，95年産25万トン，96年産80万トン，97年産23万トンを数え，これらの販売を優先せざるを得ない事情は存在した．だが，自主流通米に主食用等の政府米販売枠を与えるならば，ほぼ同量の政府古米を飼料用や海外援助に回す措置がとられなくてはならない．これを実施しなければ，政府米在庫は増えるばかりである．

ともあれ，自主流通米との「協調販売」の実施は，結果的に，回転備蓄に固執する政府の需給操作の限界を示すことになった．

(2) 99年産米の暴落

第2に，生産者にとっては，これこそが最大の問題であるが，自主流通米

の価格は，98年産こそ前年を上回ったが，99年産では入札の開始当初から大量の落札残が発生し，同年末の時点では，過去最低の価格水準まで低落したことである．この間，政府は同年産の豊作を予想し70万トン規模の市場隔離を内容とする「緊急需給安定対策」を決め，同年9月に発表したが，その直後に行われた入札（9月28日）では，この措置をせせら笑うかのように，前回入札よりも3.9％の下落になり，落札残も4割を超えた．そして，99年11月の入札で全銘柄平均の指標価格はついに1万7,000円を切り（16,901円），この低位水準は12月以降の入札にも引き継がれた．この価格は，暴落した97年産のそれを下回り，2万1,000円台を確保していた94年産の平均価格に比べ，金額で約4,400円，率にして2割の低下である．経費率（粗収入に対する経営費の割合）を5割と仮定し，経営費に変化がないとすれば，価格の2割の低下は所得では4割のダウンとなる．これは稲作専業農家にとっては，ガマンの限界を超えている．

結果論ではあるが，「新たな米政策」による過去最大の生産調整の実施は，価格下落の防止にほとんど効果がなかった．全中が希望価格の提示と引換えに受け入れた値幅制限の撤廃も，価格下落の流れに勢いをつける以外の何物でもなかった．

(3) 政府米の大宗は外国産米に

「新たな米政策」の第3の問題は，「新たな備蓄運営ルール」の実施を通じて，国産政府米の買入量が98年産米で30万トン，99年産米で45万トンに留まり，政府米の大宗は外国産米に移行したことである．

例えば，1999米穀年度では，持越在庫米を除く政府米の供給量は98万トンであるが，このうち外国産米が7割（68万トン）を占める．2000米穀年度では，同じく政府米の供給計画量147万トンのうち，国産政府米は75万トン，外国産米は72万トンと，半分は外国産米である．前述のように，実際には同年の国産政府米の買入量は45万トンに下方修正されたわけだから，その数値で計算し直すと，政府米の約6割が外国産米となる．

ここで外国産米というのは，WTO農業協定によるMA米として，95年4月から輸入されているものである．その実際の輸入量は玄米換算で，95年度43万トン，96年度51万トン，97年度60万トン，98年度68万トン，99年度72万トンと，99年度までに総量で290万トンにも及ぶ外国産米がすでに国内に入ってきている．もっとも，MA受入れを決断した93年12月に，「MA米の輸入に伴う転作の強化は行わない」ことが閣議了解され，MA米は，SBS（売買同時入札）米を除いて，主食用市場には出回っていない．だが，以前は政府米・自主流通米の販売市場であった加工用（米菓，味噌，焼酎など）に毎年10数万トンから30万トンに近い数量が仕向けられている．その分だけ国産米の販売市場が失われているのである．また，SBS米は年々増加し，98年度には精米で12万トンを超えた．その5割は中国産米で，国産米とのブレンド原料に用いられていると言われている．マークアップも1kg当たり100円台に低下し，売渡価格における国産米との価格差は接近している．SBS米の増加も，国産米の販売市場の縮小に直結する．

　食糧法では，政府米の機能は備蓄に限定され，原則として1年を経過した米は，主食用，加工用，飼料用，援助等に処理されることになっている．だが，国家貿易によってMA米が輸入されるようになって以降，こうした政府米の機能は，輸入が年々増加する外国産米によっても果たせることになった．国産政府米の買入削減をねらいとした「新たな備蓄運営ルール」の設定について，これをMA米に国産政府米の機能を代替させるための深謀遠慮とみるのは，うがった見方であろうか．

(4) 「稲作経営安定対策」の効果

　次節に移る前に，「新たな米政策」の3本柱の1つであり，生産調整実施者に対するメリット対策でもある「稲作経営安定対策」について，その実施後2年間の効果に触れてみたい．この点については別稿[2]に詳しいが，簡単にまとめると自主流通米価格がやや回復した98年産米については約2割の銘柄が補塡対象にならなかったが，価格が暴落した99年産米については全銘柄

が補填対象になり，補填額も平均すれば1,000円～2,000円（60kg当たり）にのぼった．このように，同対策は，とくに価格暴落年で効果を発揮し，稲作農家の減収補填措置になっている．

しかし，「稲作経営安定対策」は，制度的に少なくても次の3つの問題があり，言葉の真の意味での経営安定対策（＝所得補償対策）になっていない．第1に，補填基準価格が過去3カ年の平均指標価格とされていることから，現在のように自主流通米価格が低下基調にある中では，補填価格の水準も連動して下がっていかざるを得ないことである．第2に，自主流通米価格が下落した場合でも，当年産の平均指標価格と補填基準価格の差の8割しか補填されず，価格低下の全額補償にはなっていないことである．第3に，同対策に加入するためには，補填基準価格の2％に当たる生産者拠出があり，これが農家経営にあっては追加的支出になることである．

もっとも，2000年度から「稲作経営安定対策」の部分的手直しがなされ，①補填基準価格の算定の基礎になる「3カ年平均の指標価格」のうち，価格が暴落した99年産については補填金を加味した額とする，②稲作を主とする認定農業者を対象に，補填割合を9割とすることができる（ただし，生産者拠出率を2％から2.25％に増やすことが条件），③資金に余裕がある場合には，基準価格の1％相当額の特別支払いか，生産者拠出率の1％への減額ができる，などの措置がとられた．

だが，これらの措置はいずれも糊塗的なもので，同対策の仕組みの根本を変えるものではない．「稲作経営安定対策」を所得補償政策として確立するためには，①補填基準価格を平均生産費を基礎に，できれば家族労働費を都市労働者並に評価替えすることによって設定する，②補填割合は基準価格との差額の10割とする，③生産者拠出金をゼロにする，などの根本的再編が必要である．

6. 新基本法の制定と「水田農業活性化対策」の登場

(1) 水田の高度利用を目指した「新たな助成システム」

「新たな米政策」実施の2年間に,米と農業をめぐる政策環境は少なからず変化していった.その1つは,1999年4月からの米関税化の前倒し実施[3]であり,もう1つは,同年7月の「食料・農業・農村基本法」(以下,新基本法と略)の制定[4]である.とくに新基本法は,政治的妥協の産物として法律の中に「食料自給率の向上」を明記することになったが,これは「新たな米政策」のポスト対策に少なからぬ影響を与えることになった.

農林水産省は,99年7月に「水田を中心とした土地利用型農業の活性化の基本方向(大綱骨子)」を打ち出し,同年10月末にこれを「水田を中心とした土地利用型農業活性化対策大綱」(以下,「水田農業活性化対策」と呼ぶ)として正式決定した.農林水産大臣の談話によれば,「水田農業活性化対策」は,「①需要に応じた米の計画的生産の徹底と,②水田における麦・大豆・飼料作物等の本格的生産,を2本柱とする総合的施策」であり,「従来の米偏重傾向を是正し,「新たな麦政策大綱」や「新たな大豆政策大綱」の方向とも相まって,米と他作物を適切に組み合わせた収益性の高い活力ある水田農業経営を確立していく」ことを目指すとされている.

麦,大豆,飼料作物については,いずれも自給率は10％以下に留まり(大豆は3％),食料自給率(カロリー・ベース)を40％前後の低水準に引き下げている要因の1つになっている.そのため,新基本法が明記した「食料自給率の引上げ」に本気で取り組むとすると,麦,大豆,飼料作物の生産拡大が絶対に欠かせないのである.

一方,過去最大の生産調整の実施によっても米の過剰在庫の解消ができず,これまでの転作政策の行き詰まりが表面化してきた.こうして,①需要に応じた米の計画的生産の徹底(裏を返せば,生産調整の徹底)と,②水田における麦・大豆・飼料作物等の本格的生産(転作物としてこれら作物の作付け

を奨励）を結びつける，「新たな助成システム」の構築が浮上してきたのである．

　もっとも，転作物として麦，大豆等を奨励し，助成金にも格差を設ける措置は，1976年度の「水田総合利用対策」以来，実施されてきたことでもある．「新たな米政策」に組み込まれた「緊急生産調整推進対策」においても，麦，大豆，飼料作物等は，「一般作物」として助成金が他作物よりも高く設定されていた．技術対策を名目にしたこれら作物の奨励金上乗せ措置もあった．「新たな助成システム」は，基本的には麦，大豆等に対するこうした奨励政策の延長線上にある．新基本法の制定は，これら作物の「本格的生産」にとって，明らかに追い風になったのである．

　「水田農業活性化対策」の目玉である「新たな助成システム」の奨励金は，米の計画的生産の実施者（生産調整目標の達成者）を対象に支払われるもので，①経営確立助成と，②とも補償からなる．前者は，地域ぐるみの水田農業振興計画を作成し，その中で麦，大豆，飼料作物の主産地の形成に向け，具体的には（イ）これら作物の相当程度の団地化または土地利用の担い手への集積，および（ロ）基本的な栽培技術の実施等（飼料作物については，畜産農家との利用協定等により確実な利用が見込まれることが条件）を行う場合に助成するもので，10a当たりの助成金単価は4万円である．全作業受託など実際の耕作者も，この助成金の交付対象者にすることができる．以上は基本助成であり，さらに麦，大豆，飼料作物のいずれかを含めた水田高度利用（1年2作，2年3作等），またはこれに匹敵する機械等の利用率の向上を通じて水田農業経営の確立を着実に進める場合に，10a当たり1万円が加算される．

　後者の「とも補償」は，「新たな米政策」で開始された「全国とも補償」の継続であり，生産者の拠出と政府の助成で資金を造成し，生産調整実施者に補償金を交付するものである．ただし，「新たな米政策」では，拠出対象が，転作面積を含めた水田面積全体（実績参入を除く）であったが，新たな対策では，水稲作付面積に限定し，10a当たり拠出単価は4,000円となった

（従来は3,000円）。それだけ，水田転作者の負担が軽減されたのである．政府助成は，従来どおり資金造成額の2分の1相当を基本に行われる．

問題は，「とも補償」による実際の交付金額であるが，「一般作物」（麦，大豆，飼料作物に，ソバ，ナタネ，イ草，レンゲ，緑肥などが加わる）については2万円，特例作物（野菜，葉タバコ，コンニャク），永年性作物，調整水田等では1万円である．この他に，「地域とも補償」を行った場合には，3,000円が「地区達成加算」される．すなわち，「とも補償」は「一般作物」の場合，最高で2万3,000円が交付されるわけだが，この金額は「新たな米政策」の「とも補償」の最高額が3万円であったことからみて，明らかに減額である．

だが，「とも補償」に前者の「経営確立助成」を含めれば，助成額の最高は7万3,000円（「水田高度利用等加算」の場合）となり，「新たな米政策」のそれ（技術対策助成を含め6万7,000円）を上回る．この助成額に，麦や大豆を作付けすることによって得られる所得[5]を加えれば，数字の上では稲作平均所得を凌駕するのである．

しかし，「新たな助成システム」によって最高の助成を受けることができるのは，麦，大豆等の作付けが可能な水田であることに加え，これらの作物について生産組織等によって団地的に生産を行うか，大規模な経営体が生産を担う必要がある．すなわち，これは新基本法が期待する「意欲ある担い手を核とした望ましい農業構造」に誘導するための「助成システム」である．また，「水田農業活性化大綱」では，「この助成システムを，稲作経営安定化対策を含めて，個々の品目ごとではなく，意欲ある担い手の経営全体を捉えた経営安定措置に移行する方向で準備を進める」としている．政府によって「意欲ある担い手」と認められる一部の生産者のみが優遇され，大部分の生産者は置いてきぼりをくうのである．

だが，地域の集団的取組があれば，「経営確立助成」に必要な団地化条件は十分にクリアできる．また，「水田高度利用等加算」を受ける条件として，麦，大豆，飼料作物のいずれかを含めた「1年2作」「2年3作」等が例示さ

(2) 生産者負担の"生産オーバー"対策

「水田農業活性化対策」には，以上のように評価できる部分もあるが，「新たな米政策」が打ち出した96万3,000haという「過去最大の生産調整の実施」，および政府買入量の削減に通じる「新たな備蓄運営ルール」はこれまでどおり継続している．政府が目指す備蓄水準の適正化が，「新たな米政策」によっても達成されていないからである．ただし，生産調整に関しては，生産者に生産調整目標面積を配分していた従来のやり方は取りやめ，「水田農業活性化対策」から米の生産数量・作付面積に関するガイド・ラインを配分することにした（当分は，生産調整目標面積も参考として示される）．名称も「生産調整」というネガティブな言い方から，「計画的生産」というポジティブな言い方に変えられた．

さらに，同対策では，豊作等によって生産量が計画をオーバーした場合，生産者団体の主体的対応として，"生産オーバー"分を主食用以外に処理する方式を新たに導入した．「主食用以外の処理」は，具体的には飼料仕向けを想定し，99年産米では17万トンがこれに当てられた．もっとも，"生産オーバー"分の新米をただちに飼料向けに処理するわけではない．政府が"生産オーバー"分の米を公定の買入価格で買入れすると同時に，全農が同量の政府古米を公定の売渡価格で購入し，これを配合飼料原料として販売するのである．

政府が，その保有する古米を飼料仕向けに処理する分には何ら問題はないし，過剰対策としてはきわめて有効である．だが，以上のようなやり方だと，政府の腹が痛まない代わりに，全農が飼料向け販売に伴う差損を負担することになる．全農の負担は，イコール生産者の負担である．現在の飼料仕向けの米の価格は，トン当たり1〜2万円にすぎない．60kg当たりにすると600〜1,200円である．すなわち，生産者は主食用に売れば，1万5,000円以上（60kg当たり）で売れる米を，ただ同然の価格で投げ売りを強いられるので

ある．大雑把にみて17万トンの米を飼料向けに販売すれば，約400億円もの損失になる．

実際には政府助成があり，差損すべてが生産者の負担にはなるわけではないが，水稲作付農家には，毎年，生産者団体の定める拠出が求められることになる．その単価は，水稲作付面積10a当たり1,500円である．また，この拠出を行わないと，「稲作経営安定対策」に加入できないようになった．

(3) 2000年の「緊急総合米対策」の実施

以上のように「水田農業活性化対策」は，「新たな米政策」を補強する措置を伴って2000年度から開始された．だが，2000年の自主流通米価格は，暴落した99年産米をさらに下回って推移し，政府持越米も2000年10月末現在で280万トンに見込まれるなど，過剰在庫解消の兆しはいっこうにみえてこなかった．そこで，政府は，JAグループ，与党と協議を重ね，同年9月末に概略次のような「2000年緊急総合米対策」を決定した．

a) 政府持越在庫については，海外援助用として75万トン（そのうち50万トンは北朝鮮への緊急援助）の市場隔離を行う．

b) 2000年産の豊作による生産オーバー分26万トンのうち15万トンについては，生産者団体の主体的取組として主食用以外の用途（主に配合飼料原材料用）に処理する．

c) 99年産自主流通米の販売残（20万トン）については，政府持越米と交換のうえ，加工用等に処理する．

d) 2001年産の米の生産調整規模については，25万トンの需給改善のため，5万ha程度の緊急拡大を行う．

e) 2001年産が作況100を超える場合の対応として，生産者団体の主体的取組によって，5万haの需給調整水田（仮称）を設ける．

f) 15万トン分の飼料用等処理（2000年産），25万トン分の緊急生産調整（2001年産）に見合う分として，40万トンの政府買入れを行う．

g) 2001年の生産調整緊急拡大面積および需給調整水田については，生産

調整の確実な実施を前提に，10a当たり次の追加助成を行う．

　ア．子実前刈取り（青刈り），稲発酵粗飼料（ホールクロップサイレージ）等の稲による転作，ソバ　2万円

　イ．麦・大豆等ア以外の一般作物，タバコ，景観形成等水田　1万円

　ウ．特例作物（タバコ，野菜を除く），永年性作物，調整水田　5千円

　h）2000年産の「稲作経営安定対策」については，資金残高の範囲内で補塡基準価格の1％の特別支払いを行う．また，2001年産の基準価格は前年産のそれと同額とする（ただし，生産調整緊急拡大への取組とその確実な達成，および適切な入札価格形成への取組が前提）．

　i）自主流通米価格の低下に連動させ，2001年産の政府米の買入価格をさらに2.6％引き下げ，60kg当たり14,708円（1～5類平均）とする．

　政府では，以上の緊急対策を実施することによって185万トンの需給が改善され，2002年10月末の持越在庫は125万トン程度に縮減すると見込んでいる．「緊急総合対策」は，海外援助による政府米75万トンの市場隔離，40万トンの政府買入れ，飼料用米（ホールクロップサイレージ）の奨励措置など，需給改善に直接寄与する積極的な対策が含まれている．

　だが，緊急拡大分の追加助成，2001年産補塡基準価格の据置きといった，わずかの「メリット措置」と引き換えに，需給調整水田を含めれば10万haの生産調整面積の拡大（合計すれば106万3,000ha）が行われることになる．これは水田本地面積の4割（39.2％）に当たる膨大なものである．

　一方で，毎年，約75万トン（玄米換算，2000年度以降）に及ぶMA米の輸入を放置したままで，過大な生産調整を行うことについての生産者の怒りは強い．確かに，助成金の高い麦，大豆，飼料作物（稲を含む）への転作を行えば，米以上の所得を確保できる可能性はある．だが，これには団地化など厳しい条件がつけられており，新作物導入に伴う追加的投資も必要である．結局のところ，低米価のもとで生産調整面積を拡大すればするほど，荒廃水田が増加していかざるを得ない．それは，わが国水田農業の縮小に通じる道であり，新基本法が掲げる食料自給率向上も"見果てぬ夢"に終わるであろ

う.

7. 食糧法システムからの転換方向

　以上，1995年の食糧法の施行から「新たな米政策」，「水田農業活性化対策」，「2000年緊急総合米対策」と続く，米政策の展開過程を詳しくみてきた．食糧法システムは，97年11月の「新たな米政策」の決定によって事実上，破綻した．食糧法システムは，基本的には市場原理による需給と価格の調整を意図したものであり，「過去最大の生産調整の実施」や「価格低下の補塡対策の導入」などの政府介入は想定していなかったからである．「新たな米政策」は，①生産調整の拡大とメリット対策，②稲作経営安定対策，③新たな備蓄運営ルールの導入，を3本柱に当初2年間の予定でスタートしたが，その基本方向は「水田農業活性化対策」に引き継がれ，今日に至っている．生産調整メリット対策や稲作経営安定対策については，農業団体の要求に応えたものでもあり，政府による一定の譲歩という側面を有している．だが，政府買入量の削減を意図した「新たな備蓄運営ルール」は，政府買入価格の段階的引下げとともに，財政支出と政府介入の縮減措置以外の何物でもない．また，98年産の自主流通米取引から実施された値幅制限の撤廃は，食糧法システムの延長線上になされたものであり，「価格が需給事情及び品質評価を適切に反映して形成されるよう，必要な施策を講ずる」とした新基本法を先取りしたものである．
　こうして食糧法システムは，「主要食糧の需給及び価格の安定を図る」とした法の目的からみればすでに破綻しているが，「市場原理を導入し，自由な流通と価格形成を図る」という法の真のねらいからみれば，着々とその条件整備がなされているのである．
　米の需給および価格の安定は，稲作農民だけでなく，国民的願いでもある．だが，これまでの食糧法システムではその実現が不可能なことが明らかになった現在，どのような政策方向が対置できるであろうか．ポイントを述べれ

ば，次のようである．

　第1に，需給と価格の安定のためにもっと政府米の活用を図る．そのために，毎年の政府買入量を大幅に増やすとともに，自主流通米価格の低落時に追加的買入れ・保管を行う．逆に，不作などで価格が高騰する時には，政府の保管米を放出し，価格の沈静化を図る．政府米は備蓄用に限定せず，通常の主食用・加工用とする．米穀年度末（毎年10月末）に前年産米の持越しがある場合には，これを棚上備蓄とし，当年産米の供給不足に備えるとともに，在庫量に応じて飼料用あるいは海外援助に回す．

　第2に，政府の買入価格は，少なくても平均生産費をカバーする水準で類別に決める．この価格は自主流通米の下限価格とし，上記の価格低落時における政府の追加的買入れの目安とする．政府の売渡価格は，自主流通米の指標価格を下回る水準で類別に決める．逆ザヤが発生した場合には，政府が財政負担を行う．

　第3に，次期WTO交渉においてMA制度の廃止を要求し，少なくてもその大幅削減を実現する．MA米の輸入が継続することになった場合には，これを海外援助用に回し，国内市場から隔離する．

　第4に，当面の米需給状況のもとでは生産調整は継続せざるを得ないが，主食用・加工用については国内で100％自給することを目標に，生産調整面積を大幅に削減する（毎年度75万トンに達したMA米の廃止または市場隔離を図るだけで，約15万haの減反緩和が可能である）．生産調整実施者へのメリット対策は継続する．

　以上のような諸政策を実施すれば，自主流通米価格の適正化が図られ，「稲作経営安定対策」のような価格補塡措置は不要になってくると思われる．だが，政府がWTO対応や財源難などを理由に，これまでの米政策を継続する場合には，本文中で述べたような「稲作経営安定対策」の根本的再編が図られなくてはならない．

注
1) データは，農民運動全国連合会「農民」No. 46, 13ページの表による．
2) 村田武・三島徳三編『農政転換と価格・所得政策』［講座 今日の食料・農業市場II］（筑波書房，2000年）第7章．
3) ウルグアイ・ラウンドで日本政府は，米の関税化を実施しない代わりに，特例措置として精米ベースで初年度（1995年度）37.9万トン，2000年度75.8万トンのMAを受け入れた．これは消費量の4%（初年度）から8%（2000年度）に相当する膨大なものであるが，当時の政府は，米の関税化阻止を最優先して，この特例措置を受け入れた．だが，98年末に政府は自民党や農業団体と協議のうえ，99年度から関税化を前倒し実施することを決定した．その理由は3つある．第1に，MAの最終年度を待たず1999年度から関税化すれば，1999～2000年の2年間についてはMA米の増加率がこれまでよりも少なくなり，その分，特例措置よりはMA米の輸入が削減できること．第2に，関税化しても，当面は高い関税率の設定が可能であり，関税化による米輸入を事実上抑えることができること．第3に，関税化を認めておけばEU等との連携が容易になり，WTO次期交渉に有利に臨むことができる，というものである．こうした考えのもとに政府は，86～88年度の内外価格差を基に米の関税相当額を試算し，精米1kg当たり99年度351円，2000年度341円として，WTOに通告した．だが，しばしば誤解されているが，関税化に踏み切ったからといって，MA自体がなくなるわけではない．関税化した品目においても，消費量に対して初年度（95年度）3%，最終年度（2000年度）5%のMAの増加が求められている．これは年率にすると0.4%，わが国のMA米に当てはめていうと毎年3.8万トンになる．99年度以降ではこの量が98年度の実績にプラスされる結果，99年度64.4万トン，2000年度68.2万トンがMAの輸入量になる．特例措置を継続するよりは，両年度で7.6万トンの輸入削減になるが，それでも玄米に換算すれば約75万トンのMAを2001年度以降も輸入しなければならないのである．また，関税化受入れに伴って設定した関税相当額は，毎年2.5%ずつ削減され（2000年度まで），次期交渉の結果いかんでは年削減率がさらに増加するかも知れない．そうなれば，関税を支払ったとしても日本国内で価格競争力をもつ外国産米の輸入が増加し，MA米とともに国内市場の圧迫要因となる恐れがある．
4) 新基本法の評価については，さしあたって三島徳三「食料・農業・農村基本法と価格・所得補償政策」（『農業市場研究』第9巻第1号，2000年10月）を参照のこと．
5) 95～97年の生産費と平均単収（農水省データ）で10a当たり所得を試算すれば，おおよそ麦で8,000円，大豆で1万円になる．
6) 村田・三島前掲書，185～187ページ参照．

終章　国民的立場からの公的規制論
－その内容と農林漁業・食料への展開－

1. 市場原理万能論の終焉：新自由主義から国家独占資本主義論へ

　わが国の代表的な近代経済学者の1人である宇沢弘文は，近著の『社会的共通資本』において，「新古典派経済理論の虚構」に言及し，大略次のように述べている．

　「新古典派的な経済思想の立場を貫くとき，一国の産業構成の望ましい姿にかんしてつぎのような結論が導き出される．国内的には，生産，流通，消費にかんするさまざまな規制ないしは政策的介入を撤廃し，国際的には，関税，非関税障壁を取り払い，貿易，資本移動が自由におこなわれるような状況のもとで，結果として実現する産業の構成，雇用の形態が，その国の経済的厚生という観点からもっとも望ましい姿である．……日本経済の場合，土地の相対的希少性を考えるとき，完全に工業部門に特化して，農業部門は完全に消滅するような状態が最適な資源配分のかたちであるというのが，この，新古典派的命題の主張するところである．」[1]

　こう述べたうえで宇沢は，このような新古典派的経済思想やこれに基づく政策的命題が，「非現実的」および「反社会的」であるだけでなく，その論理的根拠も「著しい誤謬にもとづいたものである」と断定として，次の3点を指摘する．

　第1に，一国の「経済的厚生」というとき，「いわゆる代表的個人を想定して，その代表的個人が享受するベンサム的な効用にもとづいて，資源配分

のパフォーマンスを評価しようとする」が，そこには「所得分配の不平等性にかんする問題意識は陰をひそめ，企業はたんなる生産要素の瞬時的な結合にすぎない，幻影的な存在とされてしまっている」．また，「人々が生産にたずさわるときに感ずる職業的矜持も存在しないし，社会的，文化的香りも消えてしまった世界が想定されている．新古典派的個人は，虚無的な世界に，点々と散在する泡のような，非人間的な，抽象的な経済人である．」[2]

第2に，新古典派的命題では，「生産要素がすべて，そのときどきの市場的条件に応じて，自由に，その用途を変えることができる」という，いわゆる生産要素のマリアビリティ（可塑性）が前提条件となっているが，農業部門においてはこうした条件がみたされるような状況は現実にはありえない．「農業の比較優位性が失われたとき，農業部門に投下されていた生産要素を，なんら費用をかけることなく，また時間的経過もともなうことなく，工業部門に転用すること」や，逆の場合に工業部門に投下されていた生産要素を，同じようにして農業部門に転用することは不可能だからである[3]．

第3に，新古典派的命題では，「生産要素はすべて，私有され，いずれかの経済主体に分属され，市場を通じて取り引きされるという制度的前提」がある．いいかえれば，「社会的共通資本のような，私的な基準ではなく，なんらかの意味で社会的な基準にしたがって，つくられ，あるいは使われるものは存在しないという理論前提」がおかれているが，こうした前提も現実ばなれしている[4]．

要するに，新古典派経済学の理論的前提は，現実には存在しない「虚構」であると宇沢は言うのである．そして，自然環境（大気，水，森林，河川，海洋，土壌など），社会的インフラストラクチャー（道路，交通機関，上下水道，電力・ガスなど），制度資本（教育，医療，金融，司法，行政など）の3範疇から構成される「社会的共通資本」なる概念を措定し，これらについては，国家の統治機構の一部として官僚的に管理されることも，また利潤追求の対象として市場的な条件によって左右されることもあってはならず，職業的専門家によって，専門的知見にもとづき，職業的規範にしたがって管

理・維持されなければならないとするとする[5]．

また，宇沢と同じく著名な近代経済学者である佐和隆光は，宇沢の前掲書とほぼ同時期に出版された『市場主義の終焉』の中で，新古典派経済学に基づく市場主義を批判して，次のようにいう．

「市場を万能視し，人間の経済活動の一切合切を市場にゆだねるべきだとし，効率性を至上の価値としてたてまつり，平等は「市場の鎖」であるとしてしりぞけ，優勝劣敗こそが市場のダイナミズムの源泉であるかのようにいう市場主義者の主張は，科学的な論証なり実証なりを一切へていないという意味で，マントラ（呪文）のたぐいなのである．」[6]

そして，佐和自身では，「市場主義改革の遂行により効率性を確保しつつ，それにともなう「副作用」の緩和をめざす「第三の道」改革によって，公共性を重んじる，公正で「排除」のない社会の実現を同時にめざす」[7]改革方向を提起するのである．ここで「第三の道」と呼んでいるのは，「市場主義にも反市場主義にもくみしない，いってみれば，両者を止揚（アウフヘーベン）する革新的な体制」[8]であり，具体的にはイギリスのブレア労働党政権など90年代後半に欧州で相次いで成立した社会民主主義政権が佐和のモデルになっている．

20世紀の掉尾に踵を接して上梓された両著は，いずれも近代経済学の泰斗の主張であるがゆえに，彼らの新古典派経済学の批判には説得力と重みがある．政府の経済介入を主張するケインズ経済学に代わり，70年代末から20年近くにわたって全盛をきわめた新古典派経済学，これに基礎をおいた新自由主義的あるいは市場主義的改革は，20世紀の日の入りとともに「終焉」が宣告された．にもかかわらず，「虚構」を「虚構」と感じない，鉄面皮のエコノミスト，さらにはオウムのごとく"規制緩和"のマントラを唱え，人々に陶酔的熱狂をもたらす職業的宗教家の類いは，世紀を越えても存在する．

そうした亡霊の存在が，アメリカによって先導されるグローバル資本主義への底知れぬ追従なのか，新自由主義的保守政治に見切りをつけ，社会民主

主義を選択したEU諸国に対する政治的遅れなのか，あるいはいまだにバブル経済時代のマテリアリズム（物質主義）から覚醒していない，日本国民の精神的貧困の結果なのか，いまは問わない．

　しかしながら，マスコミに登場するエコノミストや政治家・財界人が何と言おうが，現実のわが国の経済政策において，「小さな政府」を目指す新自由主義的改革が破綻し，独占資本主義を延命させる国家の介入が極限までなされていることは，誰がみても明らかである．バブル経済崩壊後，90年代の長期不況の中で，歴代内閣が行った累積120兆円を超える景気対策，国民から数10兆円の利子収入を奪った低金利政策，そして銀行救済のための70兆円に及ぶ金融システム安定化対策，——これらは独占資本主義の延命対策以外の何物でもない．そして，土建業資本や銀行資本を潤すために必要な財源確保のため，消費税率の引上げ，医療費等の負担増，および天文学的金額の国債発行が強行され，孫子の代まで国民を苦しめようとしている．また，特権官僚と業界・政治家の癒着，贈収賄，横領が繰り返され，国民の目の届かない，まさに「機密」の場所で血税が浪費されていく．これらの反国民的な国家の介入と収奪を目の当たりにするとき，国家独占資本主義（以下，国独資と略）は，決して「虚構の理論」ではなく，現実そのものであることが分かる．

　ところで，第2章で述べたように，国独資には"2つの顔"がある．第1は恐慌や経済危機を緩和し，大企業の高蓄積の基盤を整えるなど，独占資本主義体制を補強する"顔"であり，第2は社会的弱者に対する保護と救済を政策目的の1つとする「福祉国家」の"顔"である．90年代の財政金融政策が，国独資における前者の側面の政策展開であることは明らかである．一方，国独資の後者の側面は，行政改革と規制緩和政策の進展の中で，次第に後景に退き，いまや"セーフティ・ネット"論の中に埋没しようとしている．

　こうしたことは，国際的および国内的な政治闘争における，彼我の力関係の変化の中で生じてきていることでもある．すなわち，独占資本主義体制に対する対抗勢力の一時的後退の中で，体制側に弱者に対する譲歩の必要がな

くなったからである．

　市場経済万能論を排し，世界と日本で再び「福祉国家」体制を取り戻すには，国独資論に加え，現状変革を展望した新たな理論装置が必要である．その1つがこれから述べる「国民的立場からの公的規制論」である．

2. 国民的立場からの公的規制論

(1) 公的規制の目的と主体

　周知のように，国独資が作り上げた国家の介入装置は生産から分配まで経済活動のあらゆる分野に及び，全体として独占資本主義体制の維持と補強の支えになっている．公的規制はこうした介入装置の1つであるが，これは独占資本主義の危機対応策として，資本主義的経済秩序の維持を図るとともに，大企業の活動をある程度規制することによって，国民の生活と安全を守り，中小企業・農林漁業の発展を援助する側面をも有している．そのため，国独資による公的規制は，規制によって不利益を甘受せざるを得ない大企業の側から，つとに緩和・撤廃が迫られることになる．「国民的立場からの公的規制論」は，こうした大企業による規制の緩和・撤廃論に反対し，公的規制については，個々の規制に即してその必要性を検討し，必要な規制についてはその改革を図りつつ，国民の諸権利擁護と生活向上に寄与させることを目的としている．

　公的規制を行う主体は，民主主義勢力によってつくられた政府であるが，大企業が支配する政府であっても，国民の強い要求と世論があれば，その主体になり得る．また，「国民的立場からの公的規制」では，現行の法制度に基づく規制手段の大部分を踏襲し，これらを国民の利益になるような形で活用するが，新たな法制度を設けたり，既存のそれを改正強化して規制する場合もある．

(2) 規制の類型化

公的規制は，国独資の確立のもとで全面化した事実から明らかなように，最初は独占資本主義の危機に対する対応策の1つとして生まれた．それゆえ，それは大企業の利益確保とともに，国民統合のねらいをもっている．第2次世界大戦後にわが国で整備された規制を類型化すると，①大企業の権益と独占価格・独占利潤を確保するための規制，②政府の許認可権や予算配分を通じて，政策目的に即して国民を統合し，同時に官僚の権益と縄張りを維持するための規制，③国民の生活と安全を守るために，資本の活動や品質・価格に対してなされる規制（社会的規制），④農林水産業や中小企業・自営業分野を保護するための大企業の参入抑止等の規制，の4つに分けられる．ごく単純化して言えば，①と②は独占資本主義体制の維持・補強のための規制であり，③と④は資本主義の中での相対的弱者に対する譲歩としての性格をもつ規制である．

このうち，大企業とその政府によって規制緩和が進められているのは，いうまでもなく③，④の規制である．②については許認可件数のある程度の縮減や条件緩和が図られたが，国民統合と官僚の権益確保のための規制は基本的に維持されている．①については，これまでわが国ではほとんど手がつけられていなかったが，最近ではアメリカや多国籍企業の要求によって，金融・証券・保険・情報通信・運輸などの分野において段階的に「規制緩和」がなされつつある．しかし，この「規制緩和」は，わが国大企業の権益を侵害するというものではなく，外国資本との提携または内外資本の合併による，日本と世界の市場再分割を意図したものとみることができる．

「国民的立場からの公的規制論」は，上記4類型の規制のうち，どのような規制を維持・強化し，どのような規制を緩和・撤廃すべきなのだろうか．順次，検討してみよう．

(3) 大企業への民主的規制

第1の大企業の権益を維持するための規制は，ただちに撤廃すべきである．

それが実現できれば，事実上のカルテルや寡占価格を維持している独占資本主義の仕組みが改革され，大企業間の競争を通じて製品価格が下がり，消費者に利益をもたらす可能性がある．だが，問題が2つある．1つは，大企業がコスト切下げ競争をする結果，労働者の賃金カットや労働強化，リストラという名の解雇，さらには下請け中小企業の納入単価の引下げなどが迫られ，労働者・下請け企業が大きな犠牲を強いられることである．2つは，規制撤廃の結果，外国大企業の参入が進み，前述したような市場の再分割が行われる可能性があることである．これらの問題に対しては，大企業への民主的規制が対置されるべきである．

　民主的規制とは，大企業による低賃金，労働強化，首切り，下請け企業いじめ，中小企業・自営業分野への進出，および自然環境破壊，誇大広告，独占価格，投機などの反社会的行為を規制し，大企業の活動を国民の利益を図る方向に誘導または規制することをいう．すなわち民主的規制の対象はあくまでも大企業なのだが，これは今日では大企業が大きな社会的存在となり，経済の動脈である金融分野を支配しているだけでなく，生産・流通の主要な部門を独占し，国民生活に決定的な影響を与えているからである[9]．

　このように社会的存在となった大企業には，当然，社会的責任を負ってもらわなければならない．それらは，①労働条件を改善し，雇用の確保を図る責任，②中小企業の経営安定に対する責任，③地域経済を守るための責任，④消費者の生活を守るための責任，⑤環境を保全するための責任など，大企業の社会的影響にふさわしく多方面なものである[10]．しかし，こうした社会的責任を，最大限利潤を追求する大企業の自由意志に任せて行わせることは不可能である．大企業への民主的規制が必要な所以である．民主的規制においては，労働組合をはじめとした広範な国民の運動と，国民の立場に立った民主的政府の存在が決定的に重要である．

　このように，第1の大企業の権益を守るための規制の撤廃は，大企業への民主的規制と結び付けて実施しなければならない．

(4) 官僚的規制の廃止

第2の国民統合や官僚の権益を確保するための規制，換言すれば官僚的規制についてはこれを廃止し，許認可権限や予算配分を通じた規制・誘導は中止する．だが，誤解のないように言えば，国家・地方自治体を問わず，現存する許認可のほとんどは必要があってつくられたものであり，それらの単純な廃止はかえって社会的混乱を引き起こす恐れがある．行政組織を通じた規制を1つずつ見直し，国民の基本的権利を守り，自由と民主主義の徹底に必要な規制は維持し，人権を抑圧し国民統合の手段になっているような規制は廃止するといった，具体的で慎重な対応が必要である．また，残存させる規制については，許認可の際における形式的で複雑な手続き，上位下達的なチェック体制は改善し，効率化・迅速化を図るべきである．

実在する官僚組織は巨大であり，それ自体が国独資による国民統合の手段になっている．そのため，官僚の権益確保を目的とした規制を廃止し，規制を真に国民に役立つものに再編するためには，行政組織の民主的改革によって，これを本来の国民・住民サービス機関として機能させることが前提になる．国民の批判の的になっている，官僚と業界との癒着や"天下り"を断ち切るためには，定年の延長を含め公務員の労働条件を改善すると同時に，公務員自体が国民への奉仕者としての自覚を高めていかなければならない．

(5) 社会的規制の強化

第3の国民の生活と安全を守るための社会的規制は，その範囲を広げ，基準も厳しくする．自民党政府の下では，財界の要望に沿って，社会的規制を必要最小限に縮小しようとしているが，国民サイドに立てばこれは論外のことである．コスト増嵩や輸入障壁を理由に，検査・検疫がおろそかにされ，かつ品質基準も緩和されれば，不安を拭い切れない多くの商品が流通することになる．

また，電力，エネルギー，運輸，上下水道，医療，福祉，教育などで行われている参入と料金の規制が撤廃され，これら公共的分野の民営化が進んで

いくならば，国民生活は資本の利潤原理によって蹂躙されることになる．ローカル線や地方バスのような，儲からない交通路線は廃止され，高度の医療・福祉・教育サービスを受けたければ，高負担が強いられるようになる．

電力，運輸，水道など，それらの事業自体が「自然独占」の性格を帯びる分野については，国民による監視体制を組み込んだうえで公営企業によってなされることが望ましい．これらが民間企業によってなされる場合には，住民の利便を考えた厳しい規制と，必要な財政支援を行うべきであろう．

(6) 中小企業・自営業者の保護と参入規制

第4の農林水産業や中小企業・自営業分野を保護するための規制についても，それらの継続と強化が図られなければならない．

これら分野の「営業の自由」はもとより保障されなければならないが，これを担保するためにも大企業の参入規制が欠かせない[11]．同時にこれらの分野は，大企業による独占価格，下請け・納入単価の切下げ，大型店のチェーン展開などによって，不断に経営が脅かされており，この点からも反独占的規制が必要なのである．

中小企業は，その企業数・従業員の多さ，業態の多様性，地域経済への係わりの深さなどからいって，まさに日本経済の大本であり，その保護は国民の利益にかなうことである．商業，飲食業，その他サービス業に多い自営業も，住民の日常生活と深いつながりを有しているだけでなく，それ自体が「雇用の場」にもなっている．そのため，これら中小企業や自営業の事業分野に対して，大企業の参入規制を図るのは当然である．それは一種の社会政策でもあり，EU諸国の多くでは，社会的安定層の確保という政治的ねらいからも，中小企業・自営業の保護と大企業の参入規制が行われてきた．

わが国では，歴史的に大企業分野と中小企業・自営業分野の"棲み分け"がなされてきたために，両者のコンフリクトはあまり問題化しなかった．だが，高度経済成長期に急激に進んだ軽工業品の輸入増大，中小企業の下請け化，小売業における量販店の進出，さらには農村部から都市部への人口移動

等は，わが国における中小企業・自営業の安定構造を崩し，これらの分野を競争と淘汰の修羅場に変えた．加えて，90年代長期不況の打開策としても実施された規制緩和政策は，商業，建設，金融を含む伝統的システムを崩壊させ[12]，史上かつてない倒産件数と負債総額をもたらす結果となったのである．

　農林水産業における規制については，節を改めて論述しよう．

　要するに，「国民的立場からの公的規制」論は，第1に大企業の権益を確保するための規制は撤廃し，同時に大企業の民主的規制を行う．第2に官僚の権益と縄張りを守るための規制は廃止し，許認可など行政組織を通じた個々の規制の見直しを図る．第3に国民生活を守り，中小企業や農林水産業を保護するための規制については，これらを拡充・強化することを基本的スタンスとするものなのである．

(7) 多国籍企業・国際金融資本への民主的規制

　以上に加えて，1990年前後から急展開した資本主義経済のグローバル化の中で，新たな規制課題が浮上してきている．それは多国籍企業，国際金融資本に対する民主的規制である[13]．多国籍企業は，その巨大な資本力にまかせて発展途上国・旧社会主義国を含め世界各地に進出し，進出先の労働者を低賃金・長時間労働によって搾取するとともに，これら諸国の自然環境と住民生活の破壊を進めている．

　また，アメリカの巨大金融グループとヘッジ・ファンドと呼ばれる国際的投機集団は，高い金利と配当を求めて短期資本のグローバルな運用を図り，世界経済を攪乱させている．97年夏にタイに始まった東南アジアの通貨危機，翌98年のロシア・ブラジルの通貨危機は，いずれもヘッジ・ファンドによる短期資本の大量流出が発端になっている．これを規制することは，世界経済の安定のためにも喫緊の課題である．

　緊急融資を条件に発展途上国と旧社会主義国に規制緩和と民営化，歳出削減を押しつける，IMFや世界銀行のあり方も改革されなければならない．

これらの規制や改革はアメリカなどの抵抗があり，非常に困難な課題であるが，グローバリゼーションと規制緩和によって，経済的困難を深めつつある発展途上諸国と連帯し，さらには国際的なNGOとも連携して，その実現に向け努力する必要がある．

多国籍企業の自由な活動のための土俵をつくったWTO（世界貿易機関）についても，その協定を含めた改革がなされなければならない．とくに農産物貿易の自由化，食品規格等のハーモナイゼーション，および特許権など知的所有権の普遍化は，多国籍アグリビジネスと開発企業に独占的な地位を保障するのみで，世界の人民に利益を与えるものではない．1999年末にシアトルで開催されたWTO閣僚会議の決裂からもうかがえるように，現行のWTO協定の継続に対する発展途上国，労働組合，農業団体，その他のNGOの反発は強い．その背景には，93年12月のWTO協定の最終合意以降，前述のようなグローバルな市場経済の矛盾が噴出し，発展途上国・旧社会主義国を含めて人民の生活困難が増大してきたという，世界情勢のダイナミックな変化がある．WTO協定の改正は，決して手の届かない課題ではなく，ますます現実味を増してきた課題なのである．

3. 農林漁業における公的規制

(1) 農林漁業および農村の公共的機能

農林漁業は人間生存にとって1日も欠かせない食料を供給しており，同じく生活財として重要な地位を占める衣料および住宅の原材料を供給しているという点では，国民経済の基幹となる産業である．さらには農林業の空間的な場である農村（山村，漁村を含む）は，洪水防止，水源の涵養，酸素の供給といった国土保全，および自然環境と多様な生物種の維持に大きな役割を果たしている．また農村は，自然と人間との係わりで生まれた伝統的文化の担い手であり，都市住民にアメニティ（快適さ）を与える存在でもある．農村における自然との触れ合い，命をもった生物との共生，相互扶助と共働に

基づく人間関係の体験等が，一種の教育力になっており，幼年期からの人間性の陶冶・成長にプラスに作用している面も評価しておかなくてはならない．これらの農林漁業の役割・機能を「多面的機能」という言い方で表現することもできるが，より正確には「公共的機能」というべきである．

　農林漁業および農村のこうした公共的機能は，地球に人間が住み続ける限り必要不可欠なものであり，何らかの形で人類が共同で保護しなくてはならないものである．この点からいうと，農林漁業・農村は，宇沢弘文のいう「社会的共通資本」であり，私的取引になじまない公共財である．したがって，これらは本来，市場原理や効率性基準で活動する資本主義企業に委ねてはならず，政府，地方自治体，協同組合，公企業など，営利性をもたない公的機関によって，社会的に所有・管理されるべきである．

　しかしながら，資本主義国においては農林漁業は民間の生産者によって担われており，農村地域の土地の大部分は個人あるいは法人によって所有されている．そのため，これらの国において農林漁業・農村の公共的機能を維持・発揮させるためには，民間の事業活動に対する公的規制と公的支援が不可欠である．民間には，当然ながら小生産者および中小企業・自営業者が含まれる．こうした民間事業者に「公的規制」を加えることに対して抵抗を感じる者もあるかもしれないが，これは「公的規制」の中身について順次，説明を加える中で氷解するものと思う．

(2) 食料自給のための輸入規制と新たな貿易ルール

　まず農業の公共的機能のうち，毎日の国民生活に直接関係しているのが，食料の供給機能であることは言をまたない．食料についてはどの国においても，それを国民に安定供給する権利があり，そのために食料自給率引上げについての方策を独自に決定し，実施する権利がある．これは食料主権[14]と呼ぶこともでき，他国や国際機関によって侵すことができない，その国固有の権利である．

　食料の安定供給のためのもっとも確実な手段は，自国で生産できるものは

自国で生産し，安易に輸入に依存しないことである．ところが，現実には農業には比較優位があり，自国で生産される食料・農産物がつねに安いとは限らない．そのため，国によってはこれらを輸入に依存し，比較優位にある産業に特化するケースが出てくる．しかし，国民大多数が，外国より高価格であっても，できるだけ自給した方がよいと判断した場合[15]，政府は，食料自給と国内農業生産増大のための政策を遂行する必要がある．その際，安価な食料・農産物の輸入が，国内農業の制約条件になっているとするならば，政府は食料主権を行使し，それらの輸入規制を図らなければならない．

輸入規制の方法は，輸入制限品目としての指定，関税率の引上げなどいろいろある．しかし，今日のWTO協定の下では，これらの方法による輸入規制は行使できない仕組みになっている．そのため，食料主権の立場から各国と協同しつつWTO協定の改正を求める運動を進め，改正が実現する以前には，国際協定上許されているセーフ・ガード（国内農業が甚大な影響を受けた場合の緊急輸入制限）を発動し，輸入による自国農業への影響をできるだけ緩和する必要がある．

WTO協定の改正にあたっては，次の諸点を要求すべきである．第1に，食料主権を各国の固有の権利としてお互いに認め合い，輸入規制や国内農業の保護・支持政策について他国が介入しないことである．第2に，食料や農産物の貿易は，自国で生産できないものや不足するものにかぎり，比較優位による貿易拡大は，国際社会の目標としないことである．一部の国が特定の農産物にモノカルチャー化し，農産物輸出国として生きようとするのは自由だが，それらの農産物を輸入するかどうかは，あくまでも輸入国の自主的判断に属すことである．ミニマム・アクセスのような義務的輸入はあってはならないのである．

以上に係わって，1992年，ブラジル・リオデジャネイロで開催された「地球サミット」において確認された「アジェンダ21（持続可能な開発のための人類の行動計画）」に触れておかなくてはならない．ここでは，持続可能な農業と農村開発こそ現時点での国際社会の最優先課題であり，食料安全

保障を確保することは，各国の権利であると同時に義務であると宣言した．農林水産物における自由貿易の拡大は，以上のように各国の権利であり義務である「持続可能な農林漁業の維持と開発」に逆行し，競争力の低い国の農林漁業の衰退に結果する．「地球サミット」における国際約束とWTOのそれとは明らかに対立するが，わが国は前者の立場でWTO協定の改正と，人類の共存共栄を目指した新たな農産物貿易ルールの実現に努力すべきである．

(3) 価格規制と需給調整的規制

　食料自給のために国内の農業生産を拡大することが政策課題になった場合，ふつう政府は品目別の生産目標を設定し，生産を誘導しようとする．誘導には，基盤投資に対する補助金，作付転換に対する助成金などいくつかの措置があるが，もっとも効果があるのは，当該農産物に対する価格支持である．農業者の再生産が保障されなければ，生産目標が達成されないわけだから，政府は作目別・階層別の生産費を把握し，最低でも平均生産費（できれば限界生産費）をカバーし，かつ都市労働者並の家族労働費を確保できる水準で価格を支持する必要がある．

　価格支持の方法には，公定価格による政府買入れ，市場価格を一定の価格帯に抑えるための公的機関による売買操作，直接交付金による受取価格の上乗せ，などいろいろある．が，価格形成を単純に市場原理に委ねず，政府や公的機関によって価格を規制する点では共通している．すなわち農産物価格の公的規制を行うのである．

　価格規制は，それが再生産を保障する水準でなされるのであれば，生産者には利益になる．しかし，消費者にとっては，それだけ高い価格で買わされるわけだから，むしろ不要である，という見方がある．だが，価格規制によって生産者の再生産が保障されれば，安定価格での供給が可能になり，大局的には消費者の利益にもなる．国民の同意が得られるならば，かつての食管制度による二重価格制のように，生産者価格と消費者価格の設定を別々の基準で行い，生産者の再生産保障と消費者の家計安定化を同時に実現させると

いう方法もある．

　しかし，WTO体制の下では，こうした価格規制を行うことは難しい．いわゆる「黄の政策」として，価格支持や不足払いなどの国内支持は，その削減が求められているからである．日本政府も相次いで価格支持政策を廃止し，作目・階層を限定した所得補償政策に切り換えている．このため，前項で述べたように，国内支持削減の撤廃の課題でも，WTO協定の改正を求めた運動を行うと同時に，政府による価格支持政策の再構築が図られなくてはならない16)．

　しかし，価格規制といっても，国内の需給実態とまったく無関係に行うことは現実的ではない．国内市場が過剰な時に高値で価格規制を行えば，ますます過剰在庫が累積される．価格規制のための財政負担も増大する．そうした問題を解決するには，需給調整的規制の併用が必要である．例えば，わが国の米の生産調整のように，生産量の計画的削減を行えば，市場原理からいって価格は浮揚するはずである．現実には，わが国の米の需給調整政策は，ミニマム・アクセス米への十分な対策を欠いているため，不調に終わっているが，価格安定化のための需給調整的規制の必要性は，政府も認めているところである．

　需給調整的規制には，上述の米生産調整のような作付け前の規制もあるが，もう1つ，政府または公的機関による売買操作による需給調整もある．例えば，第7章でも触れたが，米については政府米の買入量を大幅に増やし，自主流通米の市況をみてこれを放出すれば，需給は調整され，価格の適正化と安定化が図られる．

　わが国の現行の政策では，政府米の買入量を大幅に削減し，主食用の米流通のほとんどを民間流通米（自主流通米，計画外米）に委ねているが，その民間流通米は価格下落が著しい．それへの対処として，政府は一種の価格補塡である稲作経営安定制度を設け，これに助成している．また，作目別の経営安定制度や転作助成金を統合することによって，対象農家数を限定した所得補償制度を創出することも検討している．しかし，価格形成を市場に委ね

たうえで事後的に所得補償を行うよりは，公的な売買操作を含む需給調整的規制を行う方が，あるいは財政負担が少なくすむかもしれない．規制緩和を金科玉条にしている現在の農政は，いずれにしても改革が必要なのである．

(4) 耕作者主義による農地規制

　周知のごとく，わが国の農地法は「農地はその耕作者みずからが所有することを最も適当であると認めて，耕作者の農地の取得を促進し，及びその権利を保護」(第1条)する法体系になっている．いわゆる耕作者主義である．農外利用のための農地の転用は厳しく規制され，耕作者以外の者が農地を取得することについても原則的に禁止されてきた．わが国の農地法制は，農地という食料を供給し，環境を守る機能をもった，その意味では一種の公共財である農地の所有と利用を公的に規制している．この点では，世界に誇ってよい先進的なものである．また，耕作者主義による農地取得は，農業における家族経営の優位性をいかんなく発揮させた．戦後のわが国が，農業生産力の飛躍的な増大を達成できたのは，ひとえに自作農的土地所有に基盤をおいた家族経営の力であった．

　ところが，高度経済成長と全国開発計画に伴う土地需要の増大の中で，農地の転用規制は漸次的に緩和され，1960年代初頭から今日までの40年間に実に100万haもの農地の減少が進んでいる．また，取得を耕作者に限定した農地制度についても，繰り返し財界の批判にさらされ，具体的には株式会社による農地の取得容認が求められた．そして，2000年末の国会で農地法改正案が成立し，農業生産法人の形態での取得ではあるが，株式会社による事実上の農地所有が認められた．ここに，耕作者主義を理念とした戦後の農地法制は，その瓦解への道に踏み出したのである．

　しかしながら，前述の農業の公共的機能を維持し，食料自給率の可能な限りの向上を図るためには，耕作者主義による農地規制は依然として必要である．株式会社は，基本的に利潤原理によって行動するのであり，農業が儲かれば，それに参入するであろうが，儲からなくなれば，ただちに撤退するか

らである．農業からの撤退後の農地処分は，株式会社の自由であり，住宅地になろうと，ゴルフ場になろうと，第三者が介入する余地はない．これは利潤原理による公共財の破壊である．農地のこれ以上の減少は，国内の農業生産基盤をますます縮小させるだけでなく，食糧危機が予想される21世紀の人類的課題にも逆行するものである．

繰り返し言うが，戦後のわが国の農業生産は，これまで耕作者主義による農地法制によって守られてきた，家族経営が基本的に担っている．現在では生産組織も農業生産における比重を高めているが，その生産組織の構成も基本は家族経営である．いずれにせよ，農業の担い手になっている家族経営，生産組織による農地取得を，農外資本によって攪乱させられることは，国民の決して許すところとはならないだろう．

株式会社を先頭とした農外資本による農地取得の禁止と，農地転用の規制，すなわち農地の公的規制を求める運動は，現在から将来にかけ継続されなければならないのである．

(5) 農林漁業における環境規制と資源管理

農林漁業の公共的機能の1つは，自然環境を守るところにある．だが，農林漁業自体が，しばしば環境汚染の原因をつくることがある．農業では農薬・化学肥料による土壌・水および作物の汚染，畜産業では舎飼・密飼による糞尿の河川流入と地下水汚染，漁業では過密養殖による赤潮の発生，林業では間伐の手抜きによる風倒木の大量発生，杉花粉によるアレルギー疾患，など枚挙に暇がない．

これらの環境問題の背後には，効率優先の近代技術の弊害と，低価格や労働不足による経営の困難などが存在している．例えば，北海道の大規模酪農地帯では大量に発生する糞尿を草地や畑地に還元しきることができず，多くの酪農家は糞の野積みを余儀なくされている．しかし，雪解けとともにそれが河川に流出し，まさに"黄河"となって下流から海洋までを汚染している．こうした"糞公害"は，放牧をやめて，舎飼と購入飼料による多頭化を推進

してきた近代酪農が必然的にもたらしたものである．もっとも近代酪農は，堆肥舎，密閉型発酵槽など，糞尿を野外に流出させず，有効利用する設備も開発しているが，これらの設置には多額の投資が必要であり，近年の低乳価のもとでは多くの酪農家が設置に二の足を踏んでいる．

しかし，"糞公害"への対策は一刻の猶予も許さない．そのため，政府は1999年に「家畜排せつ物の管理の適正化及び利用の促進に関する法律」を制定し（施行は同年11月），5年間の猶予期間を設けて，一定規模以上の牛飼養農家（10頭以上），養豚業者（100頭以上），養鶏業者（2,000羽以上）に対して，糞尿の処理・保管施設の整備を義務づけ，野積み，素掘りなどを禁止した．これは一種の環境規制である．だが，生産者にとっては，施設整備のための新たな投資が強いられる．国や都道府県による助成措置もあるが，その金額も枠も少なく，大半の生産者は苦しい対応を迫られている．

こうした負担問題があるとはいえ，政府が環境保全のための規制に乗り出したこと自体は評価してよい．農林漁業をめぐる他の環境問題についても，規制基準を設け（作物ごとの残留農薬基準など），さらに環境保全型の生産については助成措置を講じるなどの対策が急がれるのである．この点で参考になるのは，家畜糞尿による地下水の汚染に悩むEUが，1992年のマクシャリーの共通農業政策改革によって，家畜単位をもとに面積当たりの家畜飼養の頭数制限を行うようになったことである．家畜単位の削減数に応じた助成措置が用意され，飼養頭数削減に伴う生産者の所得減を補償していることも注目される．

以上の環境規制との関連で，漁業ですでに実施に移されている資源管理政策について紹介しておこう[17]．

もともと漁業では，漁業資源を守るため，入口規制として，漁船の隻数，操業区域・期間，漁法，馬力等が規制されてきた．しかし，漁業における技術革新は目覚ましく，資源量を超えて漁獲がなされたために，漁業資源の枯渇が進んでいった．そのため，わが国では96年に「海洋生物資源の保存及び管理に関する法律」が施行され，200カイリの排他的経済水域を設定したう

えで，イワシ，アジ等の魚種ごとに総漁獲可能量（Total Allowable Catch：TAC）を設定し，これ以上の漁獲を禁止することになった．また，99年には「持続的養殖生産確保法」が制定され，養殖漁業については，一定の範囲の湾ごとの許容養殖量を推定して，これ以上の養殖を禁止し，過密養殖による赤潮の発生や海洋汚染を防ぐようにしている．

すなわち，漁業では，資源を減らさないための総量規制や海洋汚染の防止策が着々と進められている．そこには乱獲と海洋汚染によって，海洋生物資源の枯渇が深刻なものになっている，漁業の実態が反映されているものと思われる．だが，土地と労働力を含む資源の枯渇と環境破壊は，農業と林業においても大同小異であり，農林業においても早急に環境規制と資源管理が講じられなければならない．

4. 食料における公的規制

(1) 食料流通における規制

最後に対象をわが国の食料一般に広げて，国民的立場からの公的規制のあり方について考えてみたい．ここで取り上げるのは，卸小売業における流通規制と食品の安全性規制である．

食料の流通規制については，以前は米と酒類の販売について厳格な許認可制度とルート規制があった．米は主食として，酒類は税源として重要であったからである．しかし，第4章で詳しくみたように，米については，食糧法の施行後，事実上のフリーパスになり，酒類についても段階的に規制緩和がなされつつある．また，飲食店や食肉販売店などには，食品衛生法による許可制度があるが，これはあくまでも食品衛生面からの規制であり，一定の基準をクリアできれば，誰でもが営業を行うことができる．

要するに今日では，食料品の参入規制は事実上，存在しないといってよいのだが，こうした現状を見直し，規制を復活する積極的理由は見いだし難い．米については，すでに一般商品化してきており，主食だからといって，参入

を規制する理由にはならない．酒類についても，消費税導入後は，税源を理由とした規制論は成り立たなくなってきている．規制の理由を挙げるとすれば，未成年者に対する販売規制ぐらいである．だが，これも自動販売機の普及が進む中で，現実には意味をもたなくなってきている．未成年者に対する酒類の販売規制については，最終的には酒類販売業者の社会的モラルにまたざるを得ないのである．

しかし，米および酒類販売業者の新規参入は容認せざるを得ないとしても，食料品の小売業態を含む大規模店舗の進出規制は今後とも続けるべきであろう．また，近年，急成長しているコンビニエンス・ストアについては，進出を規制することはできないが，粗利益の30数%から40数%に及ぶとされるフランチャイザーへのロイヤルティについては，その上限規制や情報公開を求めた運動を強めていく必要がある[18]．

2000年6月から大店法に代わって施行された大店立地法には，①生活環境の保持に重点があり，大型店進出に伴う経済的影響を無視している，②大店法では「勧告・命令」になっていたものが，強制力のより弱い「勧告・公表」となっている，③国が「環境」等についてのガイドラインを決定することにより，市町村独自の出店規制に最初からタガがはめられている，ことなどの問題が指摘されている[19]．これらの問題点を改善させ，大店法のような需給調整的規制の復活を求めた運動を行うことはもとより必要であるが，同時に大店立地法によって新たに調整主体となった地方自治体に対し，「生活環境の維持」と「住みよいまちづくり」の観点から要求を強めていくことも重要であろう．大店立地法と同時に制定された「中心市街地活性化法」と「改正都市計画法」も，市町村独自の計画策定や用途地域の設定を認めている．この点では，商業者を含む住民運動の力量，および地方自治体の姿勢と計画立案能力が問われるのである．

(2) 食品の安全性規制

食品の安全性規制については，わが国では食品衛生法およびこれに基づく

終章　国民的立場からの公的規制論

監視・指導によってなされている．

　公衆衛生の見地から重要度の高い食品については，同法第7条によって品目ごとに成分規格・保存基準・調理基準が定められている．例えば食肉製品では，「摂氏63度で30分以上の加熱殺菌を行う」など画一的な製造・加工方法の基準を告示し，製造企業にその遵守を求めている．また，製造企業に食品衛生管理者の設置を義務づけ，食品製造に従事する従業員の監督を行わせている．さらに，全国の保健所ごとに食品衛生監視員を置き，衛生面から監視が必要な食品の製造・販売施設，および飲食店を対象に，定期的に巡回指導を行っている．

　ところが，95年に食品衛生法が改正され，いわゆるHACCP（ハサップ：総合衛生管理製造過程）方式が導入された．HACCPとは第5章でみたように，原材料の生産，製造・加工，保存，流通の各段階において微生物危害に対する管理点を見いだし，監視を行うシステムである．わが国では牛乳，乳製品，食肉製品が最初の指定を受け，これらの製品を製造する企業から申請のあった個々の製造過程について，厚生省が審査し，基準に達していればHACCPとして認定する．問題は，その審査が十全に実施できる体制があるかどうかということと，いったんHACCPの認定を受ければ，企業の側での食品衛生管理者の設置が不要になり，保健所による直接的な監視・指導も受けなくてすむことである．国の認定が必要とはいえ，HACCPは，企業の自己責任によって衛生管理を行わせようとするものであり，食品衛生行政における明らかな規制緩和といえる．

　こうしたHACCPの問題点は，2000年夏の雪印乳業大阪工場における乳製品の食中毒事件によって，広く世間に知られるところとなった．同工場の製造ラインは98年1月に厚生省からHACCPの認定を受けているが，審査は企業から提出された書類審査が中心で，衛生面の管理は企業まかせになっていた．具体的には，低脂肪乳などの余り乳タンクと仮設パイプをHACCPの対象外として承認申請を行わず，しかも食品衛生管理は現場まかせで，結果的に仮設パイプのバルブ部分の洗浄を3週間も実施しなかったことから，黄色

ブドウ球菌を爆発的に増殖させてしまったのである[20]．その後の調査で，北海道にある雪印乳業大樹工場の脱脂粉乳の製造過程で停電事故が発生し，加温中の原料乳から黄色ブドウ球菌が大量発生したにもかかわらず，工場側が毒素に対するチェックをしないまま，汚染脱脂粉乳を製造・流通させ，それを使用して低脂肪乳などを製造した大阪工場で，前記のように黄色ブドウ球菌を大量増殖させてしまったことが明らかになった．

　雪印乳業の低脂肪乳などによる食中毒の発症者は1万2,000名を超え，1948年の食品衛生法施行後，最大の被害者を出した．この事件は，食品衛生行政の規制緩和であるHACCPの問題点と，企業まかせの衛生管理のズサンさを示す典型的な事例である．

　こうして雪印食中毒事件は，食品衛生法の充実強化の必要性をあらためて国民に知らしめた．現行の食品衛生法は，公衆衛生の観点から行政が食品事業者を監視し，結果として国民の安全を守る仕組みとなっている．そのため，事業者と行政が癒着し，食品衛生監視がなれあいになる可能性は否定できない．こうした欠陥を是正するため，法の目的に「国民の健康のために食品の安全性を確保する」という主旨を加え，食品の安全行政に関する施策については，積極的な情報公開を進めるとともに，消費者の参画を法律に明記することが必要である．また，食品添加物規制の対象外になっている天然添加物についても規制対象に加え，さらに化学的添加物の中で安全性に問題のあるものについては，認可を取り消すなどの措置がとられなくてはならない．農薬や動物用医薬品についても，食品への残留防止の観点から，基準を設定し，監視体制を強化することが必要である．遺伝子組み換え食品の表示の充実など，消費者が食品を選択するための表示についても徹底が求められる．こうした具体的な課題を掲げ，日本生協連では「食品の安全を確保するための，食品衛生法の改正と充実強化を求める請願」の署名活動を行っているが，それは全面的に支持できる内容のものである．

　なお，食品の安全性規制に関連して，植物防疫法，家畜伝染病予防法の課題を挙げておこう．第5章でみたように，両法は輸入検疫と国内における有

害動植物の駆除,伝染病の予防・まん延防止において重要な役割を果たしている.ところが,WTO協定では,SPS協定(衛生及び植物検疫措置の適用に関する協定),および合理的理由のないかぎり国内規格は国際規格に従うことを義務づけた,TBT協定(貿易の技術的障害に関する協定)によって,国内法のハーモナイゼーションが求められ,わが国よりもゆるい国際基準に沿った規制緩和がなされつつある.

一方,輸入検疫制度は,2000年春に宮崎県,北海道十勝で相次いで発生した口蹄疫問題や,翌2000年の暮れから2001年の年明けに欧州で深刻化した狂牛病問題によって,その重要性が再認識されている.発症国からの食肉類や,稲麦わらの輸入禁止措置とともに,両法および食品衛生法に基づく輸入検疫体制の強化が求められているのである.

安全性と環境への悪影響が懸念されている遺伝子組み換え作物については,2000年1月にカナダで開催された生物多様性条約特別締約国会議で「バイオセイフティに関するカルタヘナ議定書」が採択され,生物多様性の保全と持続可能な利用に悪影響を及ぼす可能性のある遺伝子組み換え生物の輸出入の手続きが定められた[21].これによって,予防的措置として輸入禁止を行うことも可能になったが,これを徹底させるためにも国際世論の高まりが必要である.

5. 自立と協同のための環境づくり:農林漁業に対する公的支援の視点

以上,国民的立場からの公的規制のあり方,とくに農林漁業と食料における規制の具体的課題について述べてきた.しかし,農林漁業や中小企業など社会的弱者については,公的規制と同時に公的支援がなされなければ,それらの発展は困難である.いまここで公的支援の具体的内容について触れることはしないが,わが国の農林漁業を中心に基本的な視点を2つだけ述べておきたい.

第1に，農林漁業を現実に担っているのは家族経営を中心とした小生産者であり，大企業が支配する社会では，協同することによってしか彼らの自立が保障されない．そのため公的支援はまずもって，こうした地位にある協同組合[22]の行う事業を中心になされるべきである．

　農家を例にとれば，彼らが経営的に自立するためには，不断に競争にさらされている農産物市場および農業生産財市場において協同組合を結成し，農家個々の供給と需要を集積することによってしか大企業が支配する流通に伍していけない．この点については，川村琢および美土路達雄による「主産地形成＝共同販売の理論」によって先鞭がつけられたが[23]，規制緩和論が横行し，財界による農協攻撃と，財政支援の縮小が進んでいるいまこそ，NPO（非営利組織）としての協同組合の社会的意義を再確認し，これらに対する公的支援の充実を要求するための理論武装がなされなければならない．

　協同組合は本来的には，自立した小生産者・個人による自主的協同であり，こうした存在に公的支援を行うことについては異論が出るものと思われる．しかし，協同組合は独占資本主義段階において，社会的弱者である消費者・小生産者が，運動を通じてつくり上げた組織体であり，体制側も法律を制定してこれをバック・アップしてきた歴史がある．現実にわが国の農林漁業では，協同組合を事業主体とした事業に，国・地方自治体が助成を行っている．これは協同組合の公企業的性格を認めてのことであると思われる．

　しかし，わが国の農協を例にとると，系統組織による上からの締めつけが強く，組織の中央では政府・自民党との癒着がはなはだしい．そのため，農協に対する国民やマスコミの目は厳しく，財界もこの尻馬に乗って農協批判を強めている．だが，必要なのは農協に対する公的支援の民主化であって，公的支援を廃止することではない．

　ここで農協に対する公的支援と呼んでいる中身は，集出荷・保管施設，加工施設，農業機械の共同所有・利用システムなど，農協が中心となって行う事業への補助であり，いわゆる第三セクターに対する補助を含んでいる．漁業協同組合や森林組合が行う事業についても，公的支援を行うのは当然であ

る．

　いずれにしても，協同組合に対する公的支援は，農林漁業を担っている小生産者の自立と協同のための環境づくりのためのものである．したがって，生産者と協同組合が自助努力を行わず，安易に公的支援に依存するようなことは絶対に避けなければならない．

　もとより公的支援には，行政や系統組織を通じた上からの事業の押しつけではなく，組合員による下からの要求に沿った事業を行うための体制整備，すなわち民主的な協同組合の構築が前提になる．同時に，現行の行政機構・財政構造を抜本的に改革し，地方分権と財政資金の地方移譲を大胆に進めることによって，農村地域の自治体が，地方独自の課題に応えた公的支援を行うことができる体制を構築することが必要である．これが第2の基本的視点である．

　具体的なイメージとしては，竹下内閣時代になされた「ふるさと創生資金」のような，使途を市町村の自主的判断にまかせた公的資金の創設を挙げることができる．この「資金」の場合，1市町村当たり1億円の交付であったが，われわれの構想では，地方交付税率の大幅引上げを含め[24]，国の財政資金を大胆に地方自治体（都道府県，市町村）に移し，住民合意を基に地方が必要とする独自施策について歳出を行うようにするのである．その前提には，現在の国の行政権限の一部を地方自治体に移す，いわゆる地方分権が進められなければならない．例えば，高知県西土佐村のような村独自の野菜価格補塡制度[25]を創設したければ，国の野菜制度とは別に行うことができる．あるいは，長野県栄村のような小規模な圃場整備事業（田直し事業）[26]を実施したければ，国の構造改善事業とは別に行うことができる．荒廃した山林の整備，公有地を用いた牧場の造成，農業者の新規参入への助成，さらには地場産業の育成や人口定住政策など，地方議会が予算を承認しさえすれば，それらは国の制約を受けることなく自由に実施できるのである[27]．

　わが国の国土は南北に長く，農林漁業も地場産業も多様である．それらの産業振興を国の画一的な行政によって行うことには，そもそも無理がある．

国が設定した施策メニューによって，画一的な補助事業や直轄事業を行おうとするから，公共事業における巨額の無駄使いが発生するのである．中海干拓や吉野川可動堰などの大型公共事業は，地元住民や農漁民が要求したものではなく，土建業資本の利益を第一に考えた，霞ヶ関主導の国土開発政策の一環である．同様の矛盾はいま全国的に噴出している．いまこそ，地方分権と財政資金の地方移譲が必要なのである．こうした新しい体制のもとで先の公的規制と公的支援を実施すれば，農林漁業は文字通りわが国の基幹産業としてよみがえるであろう．

注
1) 宇沢弘文『社会的共通資本』（岩波新書，2000年）57〜58ページ．
2) 同上，58〜59ページ．
3) 同上，59ページ．
4) 同上，60ページ．
5) 同上，5ページ．
6) 佐和隆光『市場主義の終焉』（岩波新書，2000年）199ページ．なお，「科学的な論証なり実証をへていない」という点では，中条潮『規制破壊』（東洋経済新報社，1995年）が挙げているいくつかの提案が典型的である．例えば中条は，自然破壊について「所有権が確定されれば，市場が成立し，汚染や乱獲を防止することが可能である」として，「プライベート・ビーチ」の設定を提案し，「『みんなの海』になっているからこそ，誰の海でもなくなり，誰も保存しなくなる．プライベート化すれば，その所有者であるホテルは，海をきれいに保っておかなければ客がこないからその努力をする．それに要したコストは，そのビーチから便益を得る海水浴客や宿泊客から回収すればよい」（152ページ）などと呑気なことを書いている．こうした主張は，内橋克人が「プライベートであればこそ，汚染しようが排水を垂れ流そうが勝手だ，というオーナーが出てくることもあり得る」（内橋『経済学は誰のためにあるのか』岩波書店，1997年，258ページ）と喝破しているように，論証抜きの楽観論である．
　ついでに言えば中条は，航空の管制や航空援助施設についても民営化が十分可能であるとし，「民営化によって公務員としての給与体系・給与水準にとらわれることなく管制官を傭うことができるようになり，技能や取扱交通量に応じた雇用が可能となるから，閑散空港にとっては費用節約をもたらす一方で混雑空港では優秀な管制官を集めて発着枠を増やすことが可能となる．」（中条前掲書，132ページ）との持論を述べている．優秀な管制官を集められない閑散空港の安全を軽視している問題はおくとしても，航空管制のように，1つの過失が重大な事故

終章　国民的立場からの公的規制論

に直結する恐れのある業務を，利潤第1の民間資本の手に委ねればどうなるかということについて，論証は何ひとつなされていない．資本がこれを行えば，公的機関が行う以上に，人件費節減のための過密長時間労働を管制官に強いるのではないか．その結果，いかに優秀な管制官でも，過労からくる危険な管制をしてしまう恐れがあるのである．

7) 同上，229ページ．
8) 同上，140ページ．
9) 『大月経済学辞典』（大月書店，1979年）72ページ．
10) 日本共産党経済政策委員会『新・日本経済への提言』（新日本出版社，1994年）105〜106ページ．
11) 三島徳三『流通「自由化」と食管制度』［食糧・農業問題全集14-B］（農山漁村文化協会，1978年）273〜277ページ参照．
12) 「規制緩和，市場原理主義は，経済の発展期には有効であったが，産業活動が停滞し，それでなくても過当競争の続いている長期不況下で採用されたので，わが国経済の主要な制度（農業，商業，建設，金融，教育，司法，会計）が崩壊し，不安感をひきおこし，不幸な経済活動の結末を生み出した．中小企業，弱小産業の多いわが国の発展のための歴史的知恵として形成されてきた棲み分けによる共存共栄，強者と弱者との相互扶助，富める部門から貧しい部門への富の分配というわが国固有のシステムが政策的に破壊され弱体化させられた．」（下平尾勲「90年代長期不況の基本的性格について」，経済理論学会年報第37集，青木書店，2000年，24ページ）
13) 柳沢憲二「国家独占資本主義と民主的規制の条件」（前衛2001年3月号）104〜106ページ．
14) 食料主権については，田代洋一『食料主権』（日本経済評論社，1998年）を参照のこと．
15) 総理府の国民世論調査によると，日本では，「外国産より高くても，食料はコストを引き下げながらできるだけ自給した方がよい」と考えている国民が8割強に達している．
16) 農産物価格支持政策の再構築については，村田武・二島徳三編『農政転換と価格・所得政策』［講座 今日の食料・農業市場II］（筑波書房，2000年）第11章（北出俊昭稿）を参照のこと．
17) 漁業の資源管理政策については，篠原孝『農的循環社会への道』（創森社，2000年）103〜105ページを参考にした．
18) 中村太和『検証・規制緩和』（日本経済評論社，1998年）31ページ．
19) 角瀬保雄編著『「大競争時代」と規制緩和』（新日本出版社，1998年）第4章（田中哲稿），166ページ．
20) しんぶん赤旗2000年7月8日付．
21) 小倉正行「遺伝子組み換え食品とバイオ多国籍企業」（経済2001年3月号）47

ページ．

22) ここでいう協同組合については，1995年にICA（国際協同組合同盟）が採択した「協同組合のアイデンティティに関する声明」に従い，次のように定義する．「協同組合は，人びとの自治的な組織であり，自発的に手を結んだ人びとが，共同で所有し民主的に管理する事業体（enterprise）をつうじて，共通の経済的，社会的，文化的なニーズと願いをかなえることを目的とする．」（日本協同組合学会訳編『21世紀の協同組合原則』日本経済評論社，2000年，16ページ）．この定義は，農協，生協など既存の協同組合にとどまらず，人びとの協同により一定の目的を実現しようとするあらゆる組織，例えば農業では営農集団，任意組合等にも当てはまるものである．国立大学についてもかりに独立行政法人化した場合，政府の全面的な財政支援を前提に，こうした目的と内容をもった「協同」組織に再編することを真剣に考えるべきではないか．
23) 川村琢・湯沢誠・美土路達雄編『農産物市場問題の展望』〔農産物市場論大系3〕（農山漁村文化協会，1977年）第6章（三島稿）を参照のこと．
24) 後述の村独自の「田直し事業」の発案者である長野県栄村の高橋芳彦村長は，自治省による地方交付税の算定が，基本的に人口数に基づいており，市町村の面積的要素があまり考慮されていないことに不満をあらわし，国と地方の行政費の割合を現在の6対4から4対6にすることを求めている（五十嵐敬喜・小川明雄編著『公共事業は止まるか』岩波新書，2001年，136～139ページ）．
25) 高知県の西部，四万十川中流に位置する西土佐村では，1978年に「園芸作物価格安定基金制度」を設け，村と農協折半で1億円の基金をつくり，村の特産野菜であるシシトウ，ベイナス，オクラ，ナバナ，イチゴなどを対象に，価格の著しい下落の際の価格補填を行い，農家の好評を得ている．類似の制度はその後，高知県内10数町村，愛媛県などに広がっていったが，共通に抱える問題は，低金利の中で基金の運用果実がきわめて少なくなっていることである．西土佐村では村財政から毎年400～500万円予算化できれば，生産者の負担なしに制度を継続できるとしている（99年のヒアリング調査による）．
26) 長野県の北東，新潟県との県境に位置する栄村では，1989年から国の補助事業の対象にならない小区画の水田を対象にした圃場整備事業（「田直し事業」）を行い，農家の好評を得ている．村では，該当農家と話し合いながら圃場整備計画を立て，村が土木機械をリースし専属のオペレーターが作業を行うことによって，事業費を10a当たり40万円以内に抑えている．費用は村と農家が半分ずつ負担するが，農家負担については別に1年据置き5年返済の無利子の融資制度を設けているので，年返済額は最大でも10a当たり5万円にすぎない．これに対し，国の圃場整備事業では，補助対象は最低でも1区画30aであり，事業費も栄村では180万円（うち農家負担3割）かかるという．栄村の「田直し事業」は，棚田の多い中山間地帯の圃場整備事業のあり方として関係者の注目を集めているが，問題は国の財政的支援がなく，自治体の乏しい予算の中では，事業の実施に限界が

あることである（五十嵐・小川前掲書，Ⅳ章を参照）．
27) 北海道では，1996年から「北海道農業元気づくり事業」を行っているが，これは国の構造改善事業の対象にならない小規模な事業を対象にした道単独の補助事業である．この事業の特色は，営農集団・農協・市町村などが独自に計画し，実施する事業について，支庁長が承認し，知事がこれを追認するところにある．補助対象となる事業は，加工施設，販売施設，堆肥舎，育苗施設の整備など比較的少額ですむものが多く，道の補助率も2分の1以内である．国の構造改善事業は「上から」用意されたメニューの範囲で選択する方式であるのに対し，道の「元気づくり事業」は，地元の要求に根ざした「下からの事業」を支援するもので，きわだった対照をなしている．だが，これにも財源的制約があり，地元の要求に十分に答え切れていない．

あとがき

　本書は，これまでに発表した以下の論文・報告に加筆修正し，新たに書き下ろし論文を加えて編纂したものである．

第1章　農業市場問題と国家独占資本主義
　日本農業市場学会編集『農業市場の国際的展開』（筑波書房，1997年）Ⅰの第3章
第2章　国家独占資本主義と公的規制（3〜6）
　宮下柾次・三田保正・三島徳三・小田清編著『経済摩擦と日本農業』（ミネルヴァ書房，1991年）第11章のⅡ〜Ⅴ［1，2は書き下ろし］
第3章　規制緩和政策の展開と農業・農産物
　三國英実・来間泰男編『日本農業の再編と市場問題』［講座　今日の食料・農業市場Ⅳ］（筑波書房，2001年）第2章
第4章　規制緩和と食料品流通［書き下ろし］
第5章　規制緩和とハーモナイゼーション―輸入検疫・品質表示制度をめぐって―
　二國英実編著『再編下の食料市場問題―生鮮食品を中心として―』（筑波書房，2000年）第2章
第6章　食糧法の問題点と本質
　拙稿「食糧法下の米の需給調整と価格・所得政策」（日本農業市場学会編集『農業市場研究』第5巻第1号，1996年9月）のⅠ〜Ⅲ
第7章　食糧法システムの破綻と政策対応―「新たな米政策」から「水田農業活性化対策」へ―
　平成9〜11年度科学研究費補助金研究成果報告書『価格政策再編下の農

産物需給調整の方策に関する主要品目別研究』（2000年3月）のⅠ
終　章　国民的立場からの公的規制論—その内容と農林漁業・食料への展
　　　　開—［書き下ろし］

転載をご了承いただいた関係者にこの場を借りてお礼を申し上げる．また，本書の出版を快くお引き受けいただいた日本経済評論社と実際に編集・出版の労をとっていただいた清達二さんに，末尾ながら感謝の意を表したい．

著者紹介

三島徳三（みしま とくぞう）

1943年東京生まれ．66年北海道大学農学部農業経済学科卒業．68年同大学院農学研究科博士課程中退，酪農学園大学，北海道大学農学部勤務を経て，現在北海道大学大学院農学研究科教授（農業経済学講座）

専門　農業市場学

著書　現代農業と市場問題［共著］（北海道大学図書刊行会，1976年）
　　　戦後北海道農政史［共著］（農山漁村文化協会，1976年）
　　　青果物の市場構造と需給調整［単著］（明文書房，1982年）
　　　現代資本主義と市場［共編著］（ミネルヴァ書房，1987年改訂版）
　　　現代農産物市場論［共編著］（あゆみ出版，1983年）
　　　流通「自由化」と食管制度［単著］（農山漁村文化協会，1988年）
　　　自由化にゆらぐ米と食管制度［共編著］（筑波書房，1990）
　　　現代の農業市場［共著］（ミネルヴァ書房，1990年）
　　　経済摩擦と日本農業［共編著］（ミネルヴァ書房，1991年）
　　　米流通・管理制度の比較研究［共編著］（北海道大学図書刊行会，1994年）
　　　激変する食糧法下の米市場［共編著］（筑波書房，1997年）
　　　農業経済学への招待［共編著］（日本経済評論社，1999年）
　　　農政転換と価格・所得政策［共編著］（筑波書房，2000年），ほか

規制緩和と農業・食料市場

2001年6月15日　第1刷発行

定価（本体2800円＋税）

著　者　三　島　徳　三

発行者　栗　原　哲　也

発行所　株式会社 日本経済評論社

〒101-0051 東京都千代田区神田神保町3-2
電話 03-3230-1661　FAX 03-3265-2993
振替 00130-3-157198

装丁＊渡辺美知子　　ワニプラン／平河工業社／小泉製本

落丁本・乱丁本はお取替えいたします　　Printed in Japan
©MISHIMA Tokuzo 2001
ISBN4-8188-1354-0

Ⓡ　本書の全部または一部を無断で複写複製（コピー）することは，著作権法上での例外を除き，禁じられています．本書からの複写を希望される場合は，小社にご連絡ください．

小林賢齊編
資本主義構造論
―山田盛太郎東大最終講義―
1325-7 C3033　　　　　　　A5判　149頁　2800円

不朽の名著『日本資本主義分析』の著者自身による解説。資本主義構造把握の基本的分析手法の現代的意義とは。

新山陽子著
牛肉のフードシステム
―欧米と日本の比較分析―
1335-4 C3033　　　　　　　A5判　403頁　5500円

フードシステムの垂直的調整の行方は…。狂牛病や国際競争の激化など世界的に深刻な牛肉フードシステム。価格形成システム，品質管理・保証システム，品質政策を比較分析する。

磯田宏著
アメリカのアグリフードビジネス
―現代穀物産業の構造分析―
1341-2 C3033　　　　　　　A5判　282頁　4500円

1980年代以降のアメリカ穀物流通・加工セクターにおける大規模な構造再編を分析し，穀物関連産業全体を視野に入れたアグリフードビジネスの今日的存在形態を明らかにする。

食糧政策研究会編
WTO体制下のコメと食糧
1075-4 C3033　　　　　　　A5判　312頁　4200円

新しく世界貿易のルールとなったWTO体制。米国系アグリビジネス多国籍企業主導の国際基準のもとで，わが国のコメと食糧はどうなるのか。現状分析と今後の食糧政策を提言。

中村太和著
検証・規制緩和
0988-8 C0033　　　　　　　四六判　229頁　2400円

真の課題は規制緩和そのものではなく，規制システムの再編成・規制改革であるとの問題意識から，進行中の規制緩和の実際を消費者，納税者，国民経済の視点から考える。

磯辺俊彦著
⑥共(コミューン)の思想
―農業問題再考―
1204-8 C3333　　　　　　　四六判　424頁　3800円

著者の旧著『日本農業の土地問題』の反省をベースとし，それらの底流をなす共通の問題関連の把握のうえに立って展望を描こうとする，このシリーズの総括編。

山田定市著
⑥農と食の経済と協同
―地域づくりと主体形成―
1080-0 C3333　　　　　　　A5判　234頁　3000円

21世紀にむけて人類が持続可能な社会をめざす上で，焦眉の環境・食料問題を軸に，農と食，農村と都市の協同の地域づくりの可能性を，協同組合，NPOを視野に解明する。

太田原高昭・三島徳三・出村克彦編
農業経済学への招待
1087-8 C3033　　　　　　　A5判　304頁　3200円

農政，農業経営，協同組合，農業開発，食糧・農産物市場の諸分野の内容を概説するとともに，分析手法としてのマルクス経済学，近代経済学，統計学の基礎を記述した入門書。